KB073782

강소국 대한민국의 생존전략

안보보험

강소국 대한민국의 생존전략

안보보험

초판 1쇄 발행 2023년 9월 4일
2쇄 발행 2023년 10월 6일

지은이 김현종
펴낸이 이기봉
편집 좋은땅 편집팀
펴낸곳 도서출판 좋은땅
주소 서울특별시 마포구 양화로12길 26 지월드빌딩 (서교동 395-7)
전화 02)374-8616~7
팩스 02)374-8614
이메일 gworldbook@naver.com
홈페이지 www.g-world.co.kr

ISBN 979-11-388-2256-5 (03390)

• 가격은 뒤표지에 있습니다.

강소국 대한민국의 생존전략

안보보험

김현종 지음

국가도 생존을 위해서 보험에 가입해야 한다.
이 보험의 이름은 안보보험이다!

좋은땅

서문

우리는 왜 보험에 가입하는가? 우리나라 국민의 보험 가입 규모는 세계 최고의 수준이다. 2,000만 명이 산업재해보험에 가입해 있다. 실손보험에는 3,900만 명의 국민이 가입되어 있다. 우리나라 보험시장의 규모는 약 240조 원으로 2021년 기준으로 세계 8위 수준이다. 2021년 기준으로 생명보험회사의 총 보유계약은 무려 8,710만 건이다.

우리는 왜 이렇게 다양한 보험에 가입하여 많은 돈을 내고 있는가? 이러한 보험에 들어가는 돈은 계약 기간에 특별한 상해나 보상받을 일이 발생하지 않으면 고스란히 없어지는 돈인데 말이다.

맞다! 혹시라도 생길지 모르는 어려움에 대한 안전망을 갖기 위해서다. 개인과 가족의 안전한 미래에 대한 보장을 받을 수 있기 때문이다.

국가의 생존도 마찬가지다. 개인과 마찬가지로 안전한 미래의 보장을 위해 국가도 생존을 위해서 보험에 가입해야 한다. 이 사실을 여러 사람과 나누기 위해 이 책을 쓴다.

이 책에서는 세상에서 하나뿐인 보험을 선보이고자 한다. 세상에서 하나뿐인 이유는, 개인과 가족의 미래를 담보하는 기존의 보험과 달리 한 국가의 미래를 담보하는 보험이기 때문이다.

이 보험의 이름은 '안보보험'이다. 여기서는 안보보험을 '현재와 미래의 대한민국 안보를 보장받기 위해 갖추어야 할 보험'으로 정의해 보았다. 안보보험도 사전에 가입해야 국가가 위급한 상황에서 생존을 보장받을 수 있다.

2022년에 시작된 러시아와 우크라이나의 전쟁이 2년째 계속되고 있다. 이 전쟁으로 우크라이나 국민의 1/3인 1,400만 명이 정든 삶의 터전을 떠나야 했다. 우크라이나 에너지 관련 시설의 50% 이상이 파괴되었다. 전쟁 이후에 많은 나라가 우크라이나를 돕고 있다. 그러나 전쟁은 이미 벌어진 이후다. 안보보험의 부재로 인해 우크라이나 국민이 받는 고통은 되돌릴 수 없다.

이스라엘 고등학생들은 고교 졸업 후 대학 진학 대신에 바로 군에 입대한다. 그런데 탈피오트나 8200부대와 같은 정예부대에 가려고 매우 노력한다. 심지어 정예부대에 가려고 재수를 하는 학생도 있다. 고등학교 교장 선생님들은 졸업생 중에서 몇 명이 정예부대에 갔는지를 자랑한다. 명문대에 몇 명이 입학했는지를 홍보하는 우리와 많이 다른 모습이다. 왜 그럴까? 생존을 위한 안보보험에 가입하는 모습이 아닐까?

싱가포르는 주변에 현존하는 위협이 없다. 그런데도 징병제를 시행하고 있다. GDP 대비 국방비도 3.0%로 2.6%인 우리보다 높다. 미국, 중국과 두루두루 잘 지내면서 연합 훈련도 많이 한다. 왜 그럴까?

프랑스는 초등학교에서 대학교까지 학생들에게 단계별 안보교육을 한다. 1979년에 징병제를 폐지하면서 학교에서의 안보교육을 의무화했다. 왜 그럴까? 모두 생존을 위한 안보보험 가입이 아닐까?

우리의 역사도 안보보험의 가입 여부가 국가의 생존에 직접 연관되었음을 잘 보여 준다. 임진왜란, 병자호란, 일제강점 등의 역사는 안보보험 가입이 충분하지 않을 때 국가의 생존이 확보될 수 없음을 보여 준다. 이순신 장군이 이끄는 조선 수군은 반대로 안보보험의 가입으로 국가의 생존을 확보한 사례이다.

그러면 국가의 생존을 위한 우리나라 안보보험 가입의 현 상황은 어떤가? 아직 이상 없이 국가가 생존하고 있으니 보험에 잘 가입하고 있다고 할 수 있다.

그런데 국가의 생존에 영향을 주는 요소들은 계속 변화한다. 안보위협이 변하고, 과학기술이 변하고, 사회문화적 요소들이 변한다. 그래서 안보보험의 특약조건을 충족하는 노력을 지속해야 한다.

안보보험의 특약조건은 soft power와 hard power로 구성된다. 우리나라의 현재 국방 분야 soft power와 hard power는 든든하게 구축이 되어 있다. '글로벌파이어파워'의 군사력 지수는 대한민국의 군사력을 세계 6위로 평가한다. 국방예산도 57조 원 규모로 세계 10위 수준이다. 그럼에도 불구하고 안보환경의 변화 속도가 빨라지면서 채워야 할 공간도 많아 보인다.

이 책에서는 안보보험의 관점에서 12개 나라를 여행해 보고자 한다. 여행을 통해 이 나라들은 왜, 어떻게 생존을 확보해 가고 있는지 살펴본다.

우리나라의 안보보험 가입에 대해서는 과거, 현재, 미래로 구분하여 국가의 생존 차원에서 어떻게 해 왔고 지금은 어떻게 하고 있으며, 앞으로 무엇을 어떻게 해야 할지도 정리하고 제시해 보았다. 과거와 현재의 우리나라 안보보험에 대해서는 주요 사례를 중심으로 안보보험의 가입과 국가 생존의 관계를 살펴보고자 한다. 안보보험의 미래에 대해서는 안보 상황의 변화 추세를 제시하고, 선제적으로 생존을 위한 보험의 특약을 충족하는 방안을 다양한 관점에서 개념적으로 제시하고자 한다.

우리나라의 생존을 위한 안보보험은 우리의 처지에 맞는 맞춤형 특약이 중요하다. 그래서 이 책의 부제를 '강소국 대한민국의 생존전략'이라고 표현했다. 우리나라는 미국, 중국, 러시아처럼 군사력 및 경제력, 인구 등 국력의 규모가 상대적으로 크지 않기 때문이다.

힘의 논리가 지배하는 국제질서에서도 강소국 대한민국은 생존할 수 있다. 우리의 처지에 맞는 특약을 갖춘 안보보험에 가입하면 된다.

이 책은 독자들과 바로 이 생각을 공유하기 위해 작성되었다!

목차

1장

강소국 대한민국의 생존과 '안보보험'

우리는 왜 보험에 가입하는가?

현대인들은 다양한 목적으로 많은 보험에 가입하고 있다. 우리나라 국민의 보험 가입 규모는 세계 최고의 수준이다.

우리나라 국민 2,000만 명이 산업재해보험에 가입해 있다. 실손보험에는 3,900만 명의 국민이 가입되어 있다. 자동차 보유 수가 2022년 1분기 기준으로 2,507만 대이다. 이를 고려할 때 자동차 보험 규모도 짐작이 간다. 보험개발원이 발간하는 「보험통계연감」에 따르면 우리나라 보험시장의 규모는 약 240조 원으로 2021년 기준으로 세계 8위 수준이다. 2021년 기준으로 생명보험회사의 총 보유계약은 무려 8,710만 건이다.

사회문화적인 변화에 맞추어 새로운 보험들도 계속 생겨나고 있다. 치아보험, 간병인보험, 반려동물 보험 등이 대표적이다. 골프 홀인원 보험에도 분기별로 대략 5,000명 정도가 가입한다고 알려져 있다.

우리는 왜 이렇게 다양한 보험에 가입하여 많은 돈을 내고 있는가? 이러한 보험에 들어가는 돈은 계약 기간에 특별한 상해나 보상받을 일이 발생하지 않으면 고스란히 없어지는 돈인데 말이다.

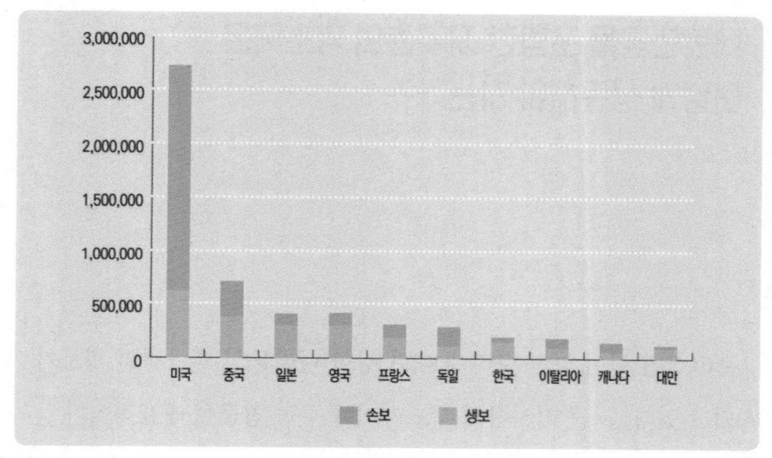

세계보험시장 현황(2021년도)
(「2021 보험통계연감」 p.34)

맞다! 혹시라도 생길지 모르는 어려움에 대한 안전망을 갖기 위해서다. 개인과 가족의 미래에 대한 보장을 담보 받을 수 있기 때문이다.

이 책에서는 세상에서 하나뿐인 보험을 선보이고자 한다. 세상에서 하나뿐인 이유는, 개인과 가족의 미래를 담보하는 기존의 보험과 달리 한 국가의 미래를 담보하는 보험이기 때문이다.

이 보험의 이름은 '안보보험'이다. 여기서는 안보보험을 '현재와 미래의 대한민국 안보를 보장받기 위해 갖추어야 할 보험'으로 정의해 보았다. 안보보험의 설계사인 안보보험 FC(financial consultant)로서 지금부터 본격적으로 안보보험을 판매하려고 한다.

대한민국을 포함한 지구촌의 약소국은 어떻게 생존해야 하는가?

물리적인 힘이 약한 나라에 대한 강한 나라들의 일방적인 횡포가 계속되고 있다. 최근 러시아의 우크라이나 무력 침공이 대표적이다.

2022년 2월에 러시아가 우크라이나를 침공했다. 이웃 나라보다 상대적으로 힘이 강한 러시아가 인접한 국가인 우크라이나를 일방적으로

베를린 우크라이나 대사관 앞 난민들
(『국방일보』(2022.9.28.))

침공하여 두 나라가 전쟁 중이다. 이 전쟁으로 수많은 우크라이나 국민이 숨졌다. 가족이 분리되고 대략 1,400만 명의 우크라이나 국민이 정든 삶의 터전을 떠나야 했다.

1980년대 말에 소비에트 연방이 몰락하고 30년 이상이 지났기에 상상할 수 없는 일이다. NATO 국가들은 재래식 무기들을 대부분 처분한 상태였다. 촘촘한 세계 경제체계의 일원인 러시아가 무력을 행사하여 합리적인 이유 없이 이웃 나라를 침공하는 행위는 시나리오 밖의 상황이기 때문이다.

지구촌에서 상대적으로 힘이 약한 나라는 항상 이렇게 당해야만 하는가? 약소국 국민은 늘 이렇게 희생되어야 하는가? 모든 약소국이 항상 이런 어려움을 겪고 있거나 겪었는가? 러시아의 무력 침공 이유를 차치하고라도, 물리적인 힘이 약한 나라들은 힘이 강한 나라들의 일방적인 횡포에 당하고만 있어야 하는가?

전쟁이 시작되자 미국을 포함한 여러 나라가 우크라이나의 전쟁 수행을 돕고 있다. 우크라이나 국민에게 엄청난 피해와 아픔을 가져온 전쟁이 발생하기 이전에 미국을 포함한 국제사회는 이를 예방할 수 없었을까?

상대적으로 주변국보다 약소국인 우리 대한민국은 어떤가? 대한민국의 주변에는 우리와 무력으로 대치하고 있는 북한뿐만 아니라 러시아, 중국, 미국, 일본이라는 세계의 강대국이 있다. 역사를 보면, 우리나라 주변의 강대국들은 자국의 이익에 따라 대한민국을 점령하거나 점령에 동조 또는 묵인했다.

대한민국은 1950년에 강국인 구소련이 사주한 공산주의자들과 전쟁을 하여 수백만 명의 국민이 목숨을 잃었다. 그 전에는 일본 제국주의의 점령으로 35년 동안 국권을 잃고 자원을 강탈당하고 헤아릴 수 없는 국민이 희생과 고통을 받았다. 역사적으로는 중국에 의한 지배, 전쟁, 횡포로 고통과 고난을 받았다. 역사가 유사하게라도 되풀이되지 않는다고 장담할 사람이 있을까?

대한민국의 생존과 '약소국의 역설(small state paradox)' 수수께끼

대한민국을 포함한 이 지구촌의 약소국은 생존할 수 있는가? 생존할 수 있다면, 어떻게 생존해야 하는가? 국가의 안보를 생각하고, 안보를 책임지고 있는 모든 사람에게 항상 고민이며, 머리를 떠나지 않는 질문이자, 답을 구해야 하는 화두이다. 그래서 우리 토양에 맞는 생존전략 구현이 필요하고 절실하다.

강소국 대한민국도 나름의 생존전략을 모색하고 추진해야 한다. 대한민국의 다음 세대들은 자유롭고 풍요로우며 행복하게 이 땅에서 살아야 한다. 이것이 현재를 살아가고 대한민국을 이끌어 가는 기성세대의 소명이다.

국제정치의 학계에서는 지구촌에 존재하는 200개가 넘는 국가를 규모나 역량에 따라 강대국, 중견국, 약소국, 선진국, 개발도상국 등으로 다양하게 분류한다. 국가의 생존과 관련해서는 힘의 크기를 기준으로 강대국과 약소국으로 분류한다.

그중에서 독창적인 전략으로 생존한 나라들이 '약소국의 역설'을 보여 주고 있다. 상대적으로 약한 힘을 갖고도 독자적인 목소리를 내거나 강자를 이기는 현상을 뜻한다. 미국과 베트남전쟁을 했던 월맹(베트남 독립연맹군)이 대표적이다. 최근 러시아와의 전쟁에서 우크라이나는 모두의 예상과 달리 1년 이상 항전하면서 지구촌을 놀라게 하고 있다. 우크라이나도 약소국의 역설을 보여 주고 있다고 할 수 있다.

규모가 작지만 강한 나라를 '강소국'이라고 한다. 대한민국은 여기에 해당이 된다. 강소국인 대한민국도 생존을 위해서는 대한민국만의 독창적인 전략으로 약소국의 역설을 실현해야 한다.

대한민국 생존의 답, '안보보험' 가입

만약 약소국의 운명 자체가 강대국에 의해 결정된다는 국제정치의 일반적인 이론이나 주장으로만 우리나라를 포함하는 약소국의 대외전략이나 정책을 설명하고 처방하려 한다면, 기존의 약소국은 현재의 미미한 위치에서 탈피하는 것이 거의 불가능할 것이다. 다시 말해, 약소국이 어떻게 생존하는지에 관한 질문, 소위 '약소국의 역설'의 설명은 많이 제한될 것이다. 지구촌의 국제질서는 무정부 상태이기 때문에 힘 있는 소수의 강대국에 의해 항상 지배되어 왔고, 그래서 약소국이 행동할 수 있는 범위는 제약될 수밖에 없다는 논리가 기존 국가 안보와 관련된 연구와 주장의 주류였다.

강대국의 영향력이 국제정치를 지배하고 있는 것이 사실이지만 현실 세계는 반드시 그런 것만은 아님을 보여 주고 있다. 더구나 힘을 국제체제 내에서의 국가의 행태를 설명하기 위한 가장 중요한 요소로 간주한다면 약소국의 지속적인 존속과 확산을 설명하는 것은 제한될 것이다.

베트남전쟁, 중동 문제, 북핵 문제 등은 강대국들도 특정 이슈와 상황에서는 약소국을 힘으로 제압하지 못하며, 오히려 약소국에 의해서 정치·군사적으로 곤경에 처할 수 있음을 보여 주고 있다. 이는 약소국도 자체적으로 지혜를 발휘하여 국가전략을 추구할 수 있음을 보여 주는 증거이다.

대한민국도 주변 강국과 비교하면 상대적으로 약소국이다. 그러면 강소국 대한민국은 어떻게 생존해야 하는가? 결론은 생존을 위한 안보보험에 들어야 한다는 것이다. 우리의 토양에 걸맞은 생존전략을 모색함으로써 안보보험에 가입해야 한다.

2장

안보보험 판매 이전에 FC와 함께하는 세계 여행

총성이 멈추지 않는 지구촌

인간은 모두 평화를 꿈꾸지만, 인류 역사는 폭력적으로 이어져 왔다. 인류의 역사 기록은 대략 3,200년이다. 전쟁통계학자들에 따르면 인류 역사가 기록된 기간에 전쟁이 없던 해는 270년에 불과하다고 한다. 또한 지구촌에 총성이 단 한 번도 없는 날은 불과 3주밖에 안 된다고 한다.

국가의 생존은 선택이 아닌 필수요소임을 역사가 보여 주고 있다. 그렇다면 국가란 무엇인가? 국가의 생존이란 무엇인가? 2020년대 지구촌 구성의 기본 단위는 국가다. 그래서 국민의 생존을 책임지는 사안이 국가가 수행해야 할 제1의 책무이다. 인간에게는 생존이 기본적인 요건이기 때문이다.

지구촌 곳곳에서 국가라는 이름으로 폭력을 행사하고 무력을 사용하여 상대의 폭력에 대응하고 있다. 테러의 경우 국가가 아닌 개인이나 단체가 폭력을 행사하지만, 결국 이러한 행동에 대한 대응은 국가가 중심이 된다.

"This is Sparta! 이곳에서 적군을 막는다! 우린 이곳에서 싸운다! 저들은 이곳에서 죽는다! 이날을 기억해라! 오늘의 전투가 후대에 영원히 기억될 것이다!" 스파르타의 상무정신과 항전 의지를 주제로 몇 년 전에 나온 영화 '300'에 나오는 대사다. 페르시아의 2차 그리스 원정 때 스파르타의 레오니다스 왕이 테르모필레에서 압도적인 열세에도 불구하고 7일 동안 페르시아군을 막고 300명 전원이 전사하였던 전투다.

테르모필레 전투 전사자 추모 동상
(『국방일보』(2021.11.10.))

비록 영화이지만 국가가 무엇인지, 국가의 생존이란 무엇인지, 우리는 국가의 생존을 위해서 무엇을 어떻게 해야 하는지를 보여 주는 대목이다. 아무도 알아주지 않아도 몸 바쳐 싸우는 충성의 대상은 국가다.

안보보험의 특약 조건: 연성국력(soft power)과 경성국력(hard power)

국가의 생존을 위해서는 연성국력(soft power)과 경성국력(hard power)이라는 두 가지의 힘이 필요하다. 이 두 종류의 힘으로 국가를 지켜야 생존할 수 있다.

soft power는 주로 무형적 능력에 해당한다. 국가의 생존 차원에서 보면, soft power는 국민의 상무정신, 국가의 다른 나라와의 안보협력, 군의 전쟁 대비를 위한 전략, 훈련과 같은 요소들이다.

hard power는 국가의 유형적 능력에 해당한다. 국가의 생존에 필요한 유형적 능력은 국가의 경제력, 국방예산, 군의 무기체계, 전쟁에 투입할 수 있는 상비 또는 예비병력 등과 같은 요소들이다. 이러한 요소들을 그림으로 표현해 보면 다음과 같다.

안보보험이란 한 국가가 이 두 힘을 키우는 노력의 총합이라고 생각한다. 국가의 생존에 필요한 soft power와 hard power를 키우는 노력이 바로 안보보험에 가입하는 것이다. soft power와 hard power는 그래서 국가 생존을 위한 안보보험의 특약 조건이다.

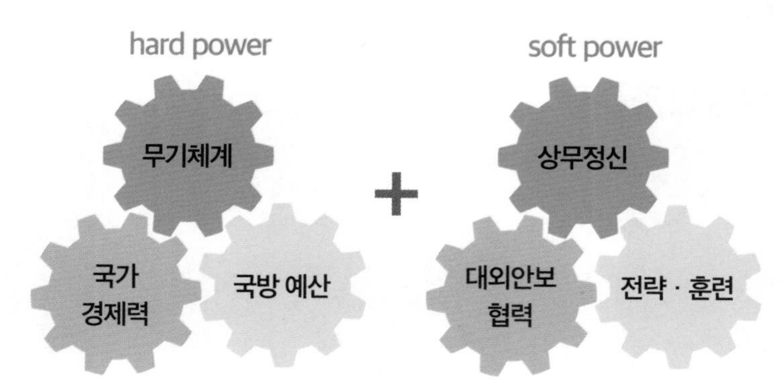

soft power와 hard power의 대표적인 구성요소

국가 생존을 위해 안보보험이 필수적이라는 주장을 염두에 두고, 본격적인 안보보험의 판매에 앞서 세계 몇 나라를 여행해 보고자 한다.

국가의 생존전략 관점에서 12개의 나라로 여행하고자 한다. 여행국은 국가 생존과 관련된 여건이 우리나라와 비슷한 나라나, 우리의 안보와 연관이 있는 주변국이나 우방국으로 선정했다. 여기에 안보보험에 의한 국가 생존의 성과가 명확하게 제시되어야 한다는 조건도 추가하였다.

이렇게 선정된 이스라엘, 스위스, 캐나다, 싱가포르, 우크라이나, 핀란드, UAE, 대만, 페루, 프랑스, 중국, 러시아 총 12개 나라를 둘러보고자 한다. 이들 나라를 살펴보니 일반적인 생각과 접근으로는 이해가 되지 않는 사안들이 많았다.

이 중에서도 우리나라와 안보 상황이나 국가의 규모가 비교적 유사한 중견 국가를 먼저 여행하고자 한다. 이어서 우리의 주변국을 포함한 일부 강국으로 발길을 돌려 보고자 한다.

12개 나라 여행

이스라엘

먼저 중동의 이스라엘로 가 보자. 몇 년 전에 이스라엘에 가서 참으로 이상한 것을 목격하였다. 이스라엘의 고등학생들이 '입대 전쟁'을

전투병 선발시험장의 이스라엘 고교 졸업 여학생들
(https://www.idf.il/en/mini-sites/training-and-preparation/high-school-girls-fight-to-become-idf-combat-soldiers/)

하고 있었다. 유명 대학에 가려고 입시 전쟁을 하는 우리와 사뭇 달라서 신선한 충격이었다.

고등학교 교장 선생님들이 앞을 다투어 졸업생의 진출 성과를 홍보하는 것은 우리와 비슷했다. 그런데 홍보의 내용이 달랐다. 우리는 소위 'SKY 대학'이라고 불리는 국내의 유명한 대학에 몇 명이 합격했는지를 홍보한다. 반면에 이스라엘은 특수부대를 포함한 소위 '엘리트 부대'에 몇 명이 입대하는지를 홍보한다.

고교 졸업 직후 입대한 이스라엘 신병
(https://en.wikipedia.org/wiki/Conscription_in_Israel#/)

남녀 구분 없이 징병제를 시행하는 이스라엘의 고등학교 졸업생들은 모두 대학에 진학하는 대신에 군에 먼저 입대한다. 그런데 엘리트 부대에 입대하려는 경쟁이 치열하다. 이스라엘에서 인정받는 소위 '엘리트 부대'인 8200부대, 탈피오트, 9200부대, 특수부대 등에 입대하기 위해서 재수하는 친구들도 있었다.

이러한 국가문화를 보면서, '이 친구들 왜 이러지?' 하는 의문과 함께 많은 생각을 하게 만들었다. 고등학생들이 입대 전쟁을 벌이는 이스라엘의 국가문화가 여러 가지를 생각하게 한다. 이 나라는 도대체 왜 그럴까?

제1차 중동전쟁은 이스라엘이 '안보보험' 가입의 효과를 보여 준 대표적인 사례다. 이스라엘은 유엔의 선포에 따라 1948년 5월 14일에 독립하였다. 이웃 아랍국가들은 이스라엘이라는 국가가 아랍에 존재하는 자체를 거부했다. 이스라엘이 독립한 다음 날인 1948년 5월 15일에 이집트를 중심으로 시리아, 레바논, 요르단, 이라크가 아랍 연합군을 결성하여 이스라엘을 침공하였다. 아랍 연합군은 이스라엘의 3배인 15만 명의 압도적인 군사력을 동원하여 동서남북으로 이스라엘을 공격하였다. 이를 1차 중동전쟁이라고 한다.

이스라엘은 이 전쟁을 독립전쟁이라고 부른다. 초기 전투에서 예루살렘과 텔아비브를 지켜 낸 이스라엘군은 전세를 역전하여 아랍 연합군을 격퇴하고 1949년 2월에 평화 조약을 조인하면서 이스라엘의 승리로 끝이 났다.

나라가 독립한 지 하루 만에 시작된 1차 중동전쟁은 아랍 연합군의 참패였다. 3만여 명에 불과한 신생 독립국의 군대인 이스라엘군이 15만 명 규모의 아랍 연합군을 물리치고 다음 지도와 같이 오늘날 실효적으로 지배하는 광활한 영토를 획득하였다.

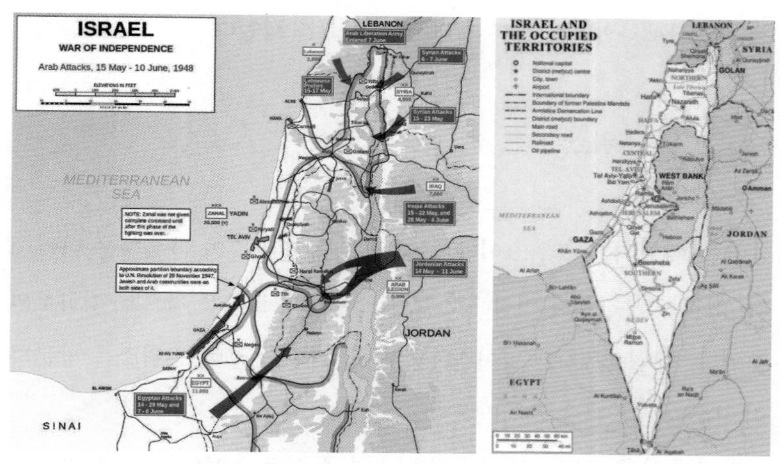

좌: 1차 중동전쟁 요도, 우: 2018년 기준 이스라엘 영토
(https://en.wikipedia.org/wiki/1948_Arab-Israeli_War;
https://en.wikipedia.org/wiki/Israeli-occupied_territories)

1차 중동전쟁에서 이스라엘이 승리한 비결은 무엇일까? 생존에 필요한 충분한 연성국력(soft power)과 경성국력(hard power)을 갖췄기 때문이다. 생존에 필요한 군사력을 준비하고 대외안보협력을 다지고 항전의 의지를 높이는, 이스라엘의 토양에 맞는 안보보험을 들어 놓았기 때문이 아닐까?

이스라엘은 독립 이전에 미국과의 협력을 통해 무기를 갖추고 군대를 훈련시켜서 현대적인 군대로 변모하였다. 또한 소련과의 협의를 거쳐서 체코에서 무기를 확보하였다. 독립을 쟁취하는 과정에서 군사력 운영을 준비하였고 모세 다얀 장군과 같은 군사 분야의 리더십도 확보하였다. 또한 이스라엘 국민의 항전 의지는 초기 20일 동안의 전투에서 예루살렘과 텔아비브를 지켜 내는 열쇠가 되었다.

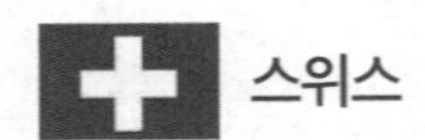 스위스

다음 여행지는 스위스이다. 스위스는 자연환경이 아름다운 나라이다. 그래서 사진이나 영상으로 보는 스위스의 모습은 참으로 평화로워 보인다. 매년 1,300만 명이 넘는 지구촌의 이웃들이 스위스를 방문하여 아름다운 경관을 즐긴다.

그런데 안보 측면에서 보면 스위스가 좀 다르게 보인다. 국가 생존의 각도로 바라보니 중립국을 표방하는 수수께끼가 스위스의 문화에 숨어 있었다.

스위스군 장교를 만나서 대화해 보니 스위스군의 공문서는 4개의 언어로 작성되고 있었다. 독일어, 이탈리아어, 프랑스어, 그리고 로레토-로망쉬어로 작성된다. 아래 사진과 같이 실제 스위스 국방부 홈페이지를 보면 독일어, 프랑스어, 이태리어, 로레토-로망쉬어, 영어의 5개 언

스위스 국방부 홈페이지. 오른쪽 위에서 5개 언어 선택 가능

어로 서비스를 제공하고 있다.

스위스 국민의 65% 이상이 독일어를 사용한다. 그래서 언뜻 보기에 영어나 독일어 하나로 표기하면 훨씬 경제적이고 효율적일 것 같다. 그런데 정부의 모든 공문서를 4개 국어로 작성한다. 왜 그럴까?

스위스의 인구 구성에 그 답이 있었다. 2023년에 발간된 미국 중앙정보국의 자료에 따르면, 스위스는 4개 국어가 공용어이다. 언어별로 사용 인구를 보면 독일어 사용 인구 62.1%, 프랑스어 사용 인구 22.8%, 이탈리아어 사용 인구 8%, 로레토-로망쉬어 사용 인구가 약 0.5%이다. 스위스가 중립국을 표방하는 이유가 여기에 있었다.

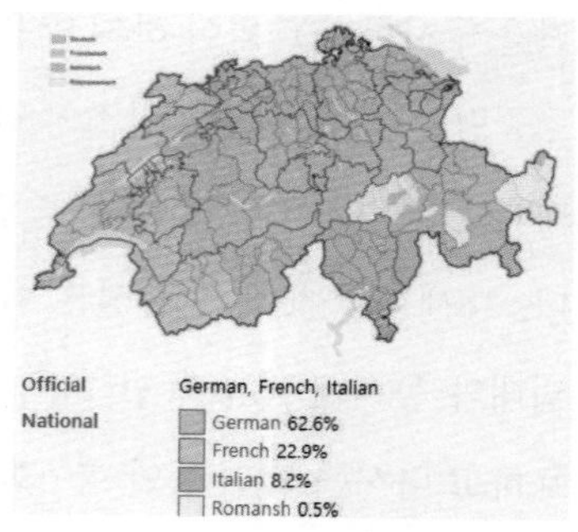

스위스 언어별 인구분포
(https://en.wikipedia.org/wiki/Languages_of_Switzerland)

스위스가 중립을 표방하지 않는 상황을 상정해 보자. 독일과 프랑스가 전쟁하면 독일어를 사용하는 스위스 사람들은 독일을 지원할 것이다. 프랑스어를 사용하는 스위스 사람들은 프랑스를 지원할 것이다. 그러면 나라가 분열되고, 쪼개지게 된다.

러시아가 2014년에 크림반도를 강제로 병합했다. 2022년에는 동부 3개 주를 러시아 영토로 공식 선언했다. 이런 조치가 가능했던 이유는 이 지역의 다수 인구가 러시아어를 사용하는 러시아계 사람으로 구성되어서였다.

러시아의 크림반도 병합 과정을 보면, 스위스가 4개의 언어를 공용어로 사용하는 비효율성을 무릅쓰는 이유는 무엇인지 조금 그림이 그려진다. 중립을 표방하는 진정한 이유도 평화를 사랑하고 분쟁을 싫어하는 민족이라서가 아님이 명백해진다. 국가 분열을 막기 위한 생존전략을 구사한다고 봐야 하지 않을까?

중립을 표방하는 스위스의 예비군 동원체제도 우리나라를 포함한 다른 나라의 학습모델이다. 중립국인 스위스는 징병제를 유지하고 있다. 18세부터 30세의 남성은 최소한 245일 동안 군에 복무해야 한다. 입대와 동시에 18주 동안 기초군사훈련을 받는다. 기초군사훈련을 수료하고 나서는 10년 동안 총 6회에 걸쳐서 19일의 소집훈련을 받는다.

미국 중앙정보국의 자료에 따르면, 2022년 기준으로 상비군 규모는 장교, 부사관, 병을 합하여 약 4,000명이다. 군에 소집되어 훈련받는 군인의 규모가 대략 20,000명이다. 유사시에 동원되어 임무를 수행하는 예비군은 대략 120,000명 규모이다. 전시에 동원이 가능한 예비군은 100만 명을 넘는다고 보고 있다. 상비군의 규모를 볼 때, 스위스의 국방은 유사시에 예비군을 동원하여 전쟁을 수행하는 체제로 구성되어 있음을 알 수 있다.

예비군의 유사시 전투 능력 발휘를 위해서 평상시 훈련은 물론 전투에 필요한 물품의 비축체계도 잘 갖추어져 있다. 국민의 대피시설도 마찬가지이다. 중립국이지만 군사 장비는 모두 NATO의 규격을 따르고 있다. 장비의 성능도 유럽의 어느 나라와 견주어도 손색이 없는 수준이다.

스위스 전역에는 대략 30만 개의 대피소가 있다. 1963년부터 건물을 지을 때 대피시설을 포함하도록 의무화했다. 대피시설에는 식당과 화장실까지 갖추고 있으며, 규모가 큰 곳은 2만 명까지 수용할 수 있다. 아름다운 알프스의 땅속 곳곳에 대피시설이 있다.

2만 명 수용 가능한
Sonnenberg Tunnel 핵 대피소
(https://en.wikipedia.org/wiki/Fallout_shelter)

중립국을 표방하면서 아름다운 자연환경을 벗 삼아 평화롭게 사는 것처럼 보이는 스위스의 다른 모습이다. 우리나라를 포함한 많은 나라에서 스위스의 전시 동원체제를 학습하고 있는 이유이다.

스위스는 중립국을 표방하면서 1차 세계대전과 2차 세계대전에서 어느 진영에도 참여하지 않았다. 그런데도 징병제를 유지하고 있다. 2021년을 기준으로 GDP의 0.8%를 국방 예산으로 사용하고 있다. 스위스만의 특성을 살려서 세계적으로 모범적인 예비군을 포함한 전시 대비체계를 유지하고 있다.

왜 그럴까? 다음 세대의 생존에 필수적으로 필요한 soft power와 hard power를 스위스만의 방식으로 갖추기 위해서가 아닐까? 아름다운 스위스의 자연풍광에서 사는 지금의 스위스인들이 후대를 위한 든든한 안보보험에 가입하고 있는 모습이 아닐까? 스위스인들의 생존을 위한, 다음 세대를 위한 안보보험을 갖고자 하는 마음이 아름다운 자연만큼이나 부럽다.

 캐나다

이번에는 북미 대륙의 캐나다로 가 보자. 캐나다에는 '영웅들의 고속도로(Highway of Heroes)'라고 명명된, 172km에 이르는 고속도로가 있다. 이 길은 옆의 지도와 같이 해외에서 전사한 캐나다군의 유해가 트렌튼(Trenton) 공군기지에 도착하면 이를 토론토에 있는 유해의 감식과 봉안 시설이 있는 장소까지 운구하는 길이다.

보라색 실선이 영웅들의 고속도로, 172km

해외 파병 중에 전사한 군인의 유해를 봉송하는 길에는 수많은 캐나다인이 나와서 전사자에게 경의를 표시한다. 경찰, 소방관, 참전용사는 물론 일반 국민이 길에 나와서 전사자들을 반기고 애도하고 그들의 헌신에 감사의 표시를 한다.

캐나다군은 2001년부터 미국이 전쟁을 수행하던 중동에 파병하여 159명이 전사했다. 캐나다군은 제2차 세계대전 이후 처음으로 2001년부터 2014년까지 대규모 병력을 아프가니스탄에 파병했다. 총 40,000

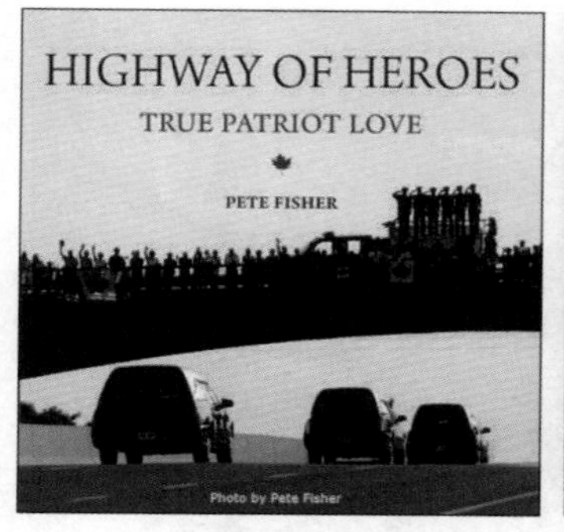

전사자 유해 봉송로에서 경의를 표시하는 캐나다 국민
(https://www.cmfmag.ca/at_home/
author-captures-the-love-story-behind-highway-of-heroes/)

명 이상의 육·해·공군이 아프가니스탄에서 아프가니스탄군과 경찰의 훈련부터 실제 전투까지 다양한 작전을 수행했다. 다음 페이지의 사진은 2001년 12월에 아프가니스탄에 파병된 캐나다군이 현지에서 작전을 수행하는 모습이다.

캐나다군이 유엔평화유지 활동을 주로 수행한다는 일반적인 인식과는 사뭇 다른 모습이다. 많은 사람이 유엔평화유지 활동과 캐나다를 연계시킨다. 캐나다에는 세계적으로 알려진 '피어슨 PKO센터'가 있으며, 과거에 유엔평화유지 활동에 참여한 행적 때문이다.

하지만 캐나다군의 적극적인 유엔평화유지 활동은 몇십 년 전의 얘기다. 2008년 기준으로 유엔에 군대와 경찰을 공여한 국가 순위에서 캐나다는 53위에 불과했다. 공여 인원은 겨우 168명이다. 우방국의 전쟁에 참여하여 실제 전투를 함께하면서 혈맹관계를 형성하고 있는 모

아프가니스탄 참전 캐나다군
(https://www.veterans.gc.ca/eng/remembrance/memorials/highway-of-heroes-tribute-memorial)

습이 지금의 캐나다군의 진정한 모습이다.

미국과 동맹 관계이면서, 한반도에서 함께 연합작전을 수행하는 대한민국도 중동에서 피를 흘리는 전투를 위한 부대를 파병하지는 않았다. 그래서 전사자가 1명도 없다. 미국의 또 다른 동맹국인 일본도 마찬가지이다.

그런데 왜 캐나다는 수년 동안 중동에서 전투에 참여한 것일까? 미국과의 실질적인 혈맹관계의 유지가 자국의 안보와 국익 추구의 기본 전략이어서는 아닐까? 자국의 생존을 위해 미국이라는 글로벌 강대국의 힘을 활용하는 지혜를 발휘하고 있는 것은 아닐까?

나라가 처한 현실적인 상황을 생각한 캐나다인들의 지혜로운 접근이라고 생각한다. 캐나다에서 살아가야 할 자신들의 후손들을 위해서 피를 흘리면서 안보보험을 들고 있는 것이 아닐까?

싱가포르

이번에는 아시아 대륙으로 안내해 보려고 한다. 먼저 싱가포르로 가 보자. 싱가포르는 일반적인 시각으로 보면 여러모로 이해가 잘 안 되는 사안이 많은 나라이다.

싱가포르는 GDP 대비 국방예산이 우리나라보다 높은 이상한 나라다. 싱가포르는 국방 측면에서 보면 현존하는 위협이 없다. 지상군만 110만 명의 상비군을 보유한 북한군에 대응해야 하는 우리와 다른 안보 상황이다.

그런데 싱가포르는 징병제를 유지하고 있다. GDP 대비 국방비 비율은 2022년 기준으로 3.0% 이상이다. 우리나라의 GDP 대비 국방비 비율인 2.6%보다 훨씬 높다. 좀 이상하지 않은가?

6대 요소를 결합한 총력방어를 지향하는 싱가포르 국방 (www.mindef.gov.sg)

현존하는 위협이 없는 싱가포르의 징병제는 매우 엄격하다. 싱가포르의 병역 의무 이행은 예외의 인정이 매우 적다. 대한민국의 전문연구요원, 예술체육요원 같은 대체복무제도가 없다. 독립한 직후인 1967년부터 국민복무라는 이름의 병역 의무가 싱가포르 국적과 영주권자

남성에게 부과되었다.

싱가포르의 모든 젊은 남자들은 고등학교를 졸업하자마자 대학에 진학하는 대신 군에 입대한다. 법에서 정한 나이가 되면 모든 남성은 군이나 경찰, 소방대 등에서 2년 동안 복무해야 한다. 싱가포르 시민권자는 물론 영주권자의 2세까지 예외 없이 국방의 의무를 수행해야 한다. 거동이 불편하거나 극히 특별한 경우가 아니면 모두 현역이다.

싱가포르 현지에서 만나본 싱가포르군 장교들은 동일 계급의 한국군과 비교하면 상대적으로 매우 젊다. 고등학교 졸업 후에 바로 입대하기 때문이다. 군에서 장기 복무하는 장교들은 군 복무기간에 대학교육을 받는다. 대부분 국내외 유명한 민간대학에서 수학한다. 군 관련 교육도 미국, 영국을 포함한 군사 선진국의 교육기관으로 가서 받는다. 이 과정에서 지구촌의 민간은 물론 군의 미래 리더들과 네트워크를 형성한다.

싱가포르 장교들은 다른 나라보다 비교적 젊은 나이에 군에서 나온다. 군에서 장기 복무한 장교들은 전역 후에 대부분 국가기관으로 진출한다. 군에서 습득한 리더십과 전문성을 국가의 운영에 접목한다. 국가 차원에서 효율적으로 청년 인재들을 양성하고 활용하는 전략이 돋보인다.

싱가포르의 안보전략은 두 개의 축으로 구성된다. 하나는 물리적 국방력이고, 또 하나는 국방협력이라는 soft power이다. 싱가포르는 미국, 중국, 러시아, 말레이시아 등 세계의 모든 국가와 국방협력을 한다.

미국에 공군 조종사 훈련을 위한 기지를 운영할 정도로 미국과 밀접한 관계를 유지하지만, 중국과도 좋은 관계를 유지한다. 싱가포르의 냄새가 물씬 풍기는 생존전략이다.

싱가포르는 2차 세계대전 당시에 일본군에 점령되면서 3년 동안 일본의 지배를 받았다. 일본군이 싱가포르를 지배하는 3년 동안에 많은 만행이 자행되었다. 싱가포르에서 만난 싱가포르 고위 간부들로부터 일본군의 만행 몇 가지를 들었다.

싱가포르를 점령한 일본군은 일반 시민들을 일렬로 세워서 손을 검사했다고 한다. 손이 부드러운 사람은 학자나 지식인 출신으로 분류되어 즉각 처형되었다고 한다.

싱가포르는 일본군의 점령 기간에 일어난 일들을 후세들이 기억하

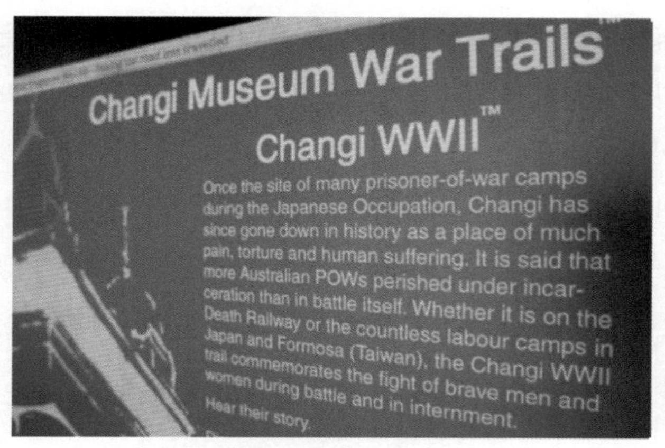

국립 창이박물관의 2차 세계대전 설명문
(창이박물관(https://www.nhb.gov.sg/changichapelmuseum))

도록 교육하고 있다. 싱가포르 국립 창이박물관에 가 보니, 1942년부터 1945년까지 일본군이 점령한 당시 싱가포르의 역사를 상세히 볼 수 있게 되어 있었다. 많은 학생이 이곳에 와서 싱가포르의 역사를 학습하고 이를 기억하는 모습을 볼 수 있었다.

싱가포르는 1965년 독립과 동시에 군대를 창설하였다. 싱가포르 육군박물관에서 본 싱가포르군 창설의 모습에서도 국가 차원의 전략적 리더십을 발견할 수 있었다.

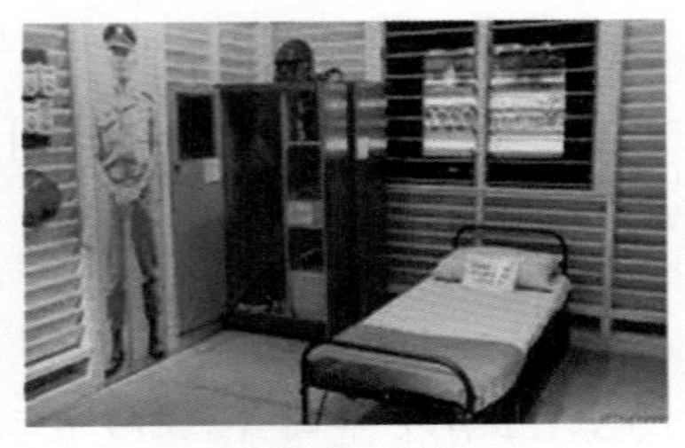

1인 침대까지 갖춘
1970년대 싱가포르 병영시설
(싱가포르 육군박물관(https://www.mindef.gov.sg/web/portal/army/about-the-army/army-museum))

싱가포르 육군박물관에 있는 창군 당시의 병영시설에는 병사들이 침대를 사용하고 있었다. 관계자에게 물어보니, 당시 리콴유 수상이 사회 최고 수준으로 병영시설을 갖추도록 지시하여 병영의 생활관에 모두 침대를 갖췄다고 한다. 2000년대에 들어서야 병영생활관이 침상형에서 침대형으로 바뀐 우리의 시설과 확연하게 비교가 되는 부분이다.

싱가포르 국가지도자들의 전략적 리더십에 존경의 마음이 생긴다. 싱가포르 국민의 팔로우십도 돋보인다. 왜 그랬을까? 생존을 위한 안보보험을 꾸준히 들고 있는 것이 아닐까?

우크라이나

유럽 대륙으로 여행 목적지를 전환해서 전쟁 중인 우크라이나로 가보자. 전쟁이 계속되면서 국가지도자인 젤렌스키(Zelensky) 대통령의 리더십에 대한 칭송이 세계적으로 자자하다. 다윗과 골리앗의 싸움으로 비교되는 전쟁에서 러시아군을 물리치고 있는 우크라이나 국민의 저항 의지에 대한 칭찬도 끊이지 않고 있다.

전쟁 초기에 미국 정부는 젤렌스키 대통령에게 피난을 위한 이동 수단의 제공을 제안했다. 젤렌스키 대통령은 이동 수단 대신에 탄약을 제공해 달라고 미국 정부에 답했다. 전쟁을 피해서 다른 곳으로 피난을 가지도 않고 숨지도 않았다. SNS에서 국민과 세계인들에게 결연한 전투 의지를 보여 주었다.

젤렌스키 대통령은 우크라이나 국민과 세계 지도자들이 우크라이나의 전쟁 수행을 도와야 한다는 여론이 형성되는 데 결정적인 역할을 했다. 유엔과 미국을 포함한 우방국이 무기, 전쟁물자, 전쟁자금을 지원하고 있다. 우크라이나 국민이 지구촌의 예상과 달리 결사 항전하고 있다.

전투현장 시찰
(www.president.gov.ua/en/photos(2022.9.14.))

하지만, 모두의 예상을 넘어서는 기간 동안 전쟁이 계속되면서 국민과 국토의 피해는 지켜보는 사람의 마음을 아프게 하고 있다. 러시아의 무차별적인 폭격으로 많은 사람이 사망했다. 에너지 관련 시설을 포함한 우크라이나 국가 기반시설은 기능 발휘가 안 될 정도로 피해를 받았다. 수많은 부녀자가 인근 나라로 피난하여 춥고 어려운 삶을 살고 있다. 삶의 터전을 떠난 사람이 인구의 30%를 넘는다.

언론 보도에 따르면 지난 1년 동안 전쟁으로 인한 사망자는 대략 20만 명에 이르고 있다. 사망자 중에서 어린이가 수백 명이다. 우크라이나 에너지 기반 시설의 50% 이상이 파괴되었다. 해외로 피난한 국민이 대략 1,400만 명이다. 전쟁 후 재건에만 940조 원의 예산이 필요하다고 『워싱턴포스트』지가 보도했다. 일부에서는 우크라이나의 폐허가 된 모습을 아마겟돈이라고 표현하고 있다.

우크라이나 국민과 미국을 포함한 이웃 국가들은 이러한 전쟁의 피해를 사전에 방비할 수는 없었을까? 물론 골리앗 러시아와의 전쟁에서 다윗에 비유되는 우크라이나 국민은 잘 싸우고 있다. 그런데도 전쟁의 예방은 물론 효과적인 전쟁 수행을 위해 더 잘 준비했어야 한다는 아쉬

Bucha 지역 집단학살 현장
(https://en.wikipedia.orgwikiBucha_massacre)

움이 생긴다. 이미 엎질러진 물은 다시 담을 수는 없기 때문이다.

사실 많은 전문가와 정치지도자들이 우크라이나 전쟁 발발의 가능성을 사전에 충분히 경고하였다. 우크라이나 정치지도자들과 국민은 이러한 경고에도 불구하고 사전에 충분히 준비하지 못했다. 그래서 지금 많은 고통을 받고 있는 것이 아닐까?

1991년 독립 후에 우크라이나는 대통령 선거를 여섯 차례 했다. 친러시아 정부와 친서방 정부가 교차하면서 국론 분열이 심했다. 2014년에 돈바스 지역 주민들의 분리주의 운동으로 사실상 내전이 시작되었다. 2022년 러시아의 침공 이전에 물리적인 군사력을 확충할 수 있는 시간이 많았다.

우크라이나는 국가의 생존을 위한 안보보험에 충분하게 가입한 것 같지 않다. 결국 국민의 33%가 난민이 되는 고통을 받는 모습에서 생생한 교훈을 얻을 수 있다.

핀란드

북유럽의 스칸디나비아반도에 있는 핀란드로 여행을 떠나 보자.

러시아가 우크라이나를 침공하자 핀란드와 스웨덴은 NATO 가입을 발표했다. 핀란드는 70년 이상, 스웨덴은 200년 이상을 유지해 온 중립국의 전통을 포기한 셈이다.

유럽 대륙을 지배하던 냉전 기간에도 두 나라는 중립을 유지했었다.

그래서 두 나라의 NATO 가입은 국가 생존전략 차원에서 반드시 들여다보아야 할 사례이다.

2022년 5월 15일에 핀란드 정부는 NATO 가입을 공식으로 밝혔다. 이어서 3일 후인 5월 18일에는 스웨덴과 함께 NATO 가입 신청서를 정식으로 제출했다. 1948년 이후 74년 동안 군사적 비동맹 정책을 유지해 온 중립국 핀란드의 NATO 가입은 스웨덴의 NATO 가입과 함께 유럽 안보 지형을 다시 그려야 할 대격변이다.

핀란드와 스웨덴 NATO 가입 신청서
(https://www.nato.int/cps/en/natohq/photos_195474.htm/)

NATO 가입은 지정학적 위치와 러시아와의 역사적인 관계를 고려할 때 매우 도전적인 결정이다. 중립국 지위 포기를 선언한 셈이다. 도대체 핀란드는 왜 이런 결정을 내렸을까?

핀란드의 중립국 지위 유지는 러시아와 밀접하게 연관되어 있다. 핀란드는 지정학적으로 러시아와 국경을 접하고 있고, 역사적으로 러시아의 지배를 받아 왔다. 1808년에 제정 러시아가 핀란드를 점령한 이후 1917년까지 러시아의 지배를 받았다.

러시아와의 연관된 지정학적인 위치와 역사적인 관계를 토대로 핀란드는 자신만의 생존전략을 구사해 왔다. 1948년에 핀란드는 소련과 NATO에 가입하지 않는 대신에 자국의 안보를 보장받는 협정을 러시아와 체결한다. 이때부터 군사적인 비동맹 지위를 유지하면서 러시아와 서구 사이에서 생존해 왔다.

핀란드와 러시아 국경
(https://finland.fi/life-society/active-map-of-finland/)

핀란드는 러시아와 국경을 맞대고 있다. 핀란드와 러시아가 맞대고 있는 국경은 대략 1,340km이다. 그래서 핀란드는 군사적으로 강국인 러시아를 자국의 생존에 대한 가장 큰 위협으로 간주하고 있다. 서방과의 완충지대(buffer zone) 확보에 사활을 건 러시아가 필요하다면 언제라도 핀란드를 군사적으로 점령할 수 있기 때문이다.

핀란드와 스웨덴이 서방과 러시아 사이에서 중립을 고수하던 전통을 '노르딕 밸런스(Nordic Balance) 정서'라고 한다. 핀란드가 오랜 기간 중립국 지위를 유지한 가장 큰 이유이다.

현재 NATO 동맹국과 러시아가 국경을 맞댄 지역은 러시아 전체 국경의 6%다. 러시아와 1,340km의 국경을 맞대고 있는 핀란드가 NATO에 가입하면 그 범위가 2배로 늘어난다. 러시아의 사활적인 이익인 완충지대(buffer zone) 확보에 큰 위협이다.

핀란드는 2차 세계대전 중인 1939년에 소련의 침공을 받아 1940년까지 싸웠다. 핀란드의 지리적 장점을 활용하면서 소련군에게 많은 피해를 주었지만, 영토의 11%를 빼앗기고 러시아와 휴전을 했다. 1948년에는 소련과 우호 조약을 체결하면서 NATO 가입을 포기했다.

핀란드 기관총 부대(1939)
(https://en.wikipedia.org/wiki/Winter_War)

동서 냉전 기간에 핀란드는 군사적 비동맹을 유지했다. 서방의 NATO나 동방의 바르샤바 조약기구에 가입하지 않았다. 하지만 초강대국인 이웃 나라 소련에 우호적인 정책을 구사했다. 군대를 소련제 무기로 무장시켰다. 핀란드 정부는 소련을 반대하는 국내의 방송과 도서를 자체 검열하였다. 이를 통해 소련의 외교 방침을 크게 거스르지 않았다.

러시아를 자극하지 않는 대가로 자율성과 독립을 보장받은 핀란드의 전략을 서구 일부에서는 '핀란드화(Finlandization)'라고 했다. 물론 핀란드인들은 이 말을 굴욕으로 여겨서 받아들이지 않는다.

핀란드는 지구촌의 분쟁이나 무력 충돌에 일절 관여하지 않았다. 미국이 주도한 중동전쟁에도 군사적인 비동맹 원칙을 고수했었다. 러시아의 조지아 침공이나 아프가니스탄 침공과 같은 횡포에도 반응하지 않았다.

그랬던 핀란드의 NATO 가입은 안보보험의 필요성과 중요성을 보여주는 대표적인 사례라고 할 수 있다. 핀란드 국민은 러시아의 우크라이나 침공을 "1939년의 핀란드 침공의 판박이"라고 표현하고 있다. 러시아의 눈치만 봐서는 생존을 보장받을 수 없다는 결론에 도달한 셈이다. NATO 회원국과의 협력안보로 자국의 생존을 보장받기 위해 일종의 soft power를 확보하는 선택이다. 핀란드의 최근 물리적인 국방력 확충은 이러한 soft power 확보의 노력을 뒷받침해 주고 있다.

핀란드는 징병제를 유지하는 몇 안 되는 유럽 선진국이다. 18세 이상의 남성들이 6개월에서 1년 동안 병역의 의무를 수행한다. 이후에는

60세까지 예비군에 편성된다. 상비군은 대략 30,000명이며 예비군은 357,000명 규모로 추정된다. 2023년 NATO의 정식 회원국이 되기 이전에도 NATO와 연합연습을 활발하게 수행해 왔다.

국방 예산도 2022년 기준으로 GDP의 2.0%이다. 100만 명 이상의 상비군을 갖춘 북한군과 대결하고 있는 대한민국의 국방비가 GOP 대비 2.6%임을 고려할 때 적지 않은 예산이다.

핀란드군의 주요 무기체계 현대화도 지속하고 있다. 핀란드 정부는 2022년 11월 17일에 K-9 자주포 38문 추가 구매를 결정했다. 2017년에 대한민국에서 48문을 수입한 이후 두 번째이다. 이에 앞서 2021년 12월 10일에는 62대의 F-35 전투기 구매를 결정했다고 발표했다.

핀란드 군사 퍼레이드에 등장한 K-9 자주포
(https://www.iltalehti.fi/politiikka/a/651a863e-c902-45d6-865e-0badf083e10f)

결론적으로, 핀란드의 NATO 가입은 생존을 위해 힘의 논리가 지배

한다는 현실주의 이론을 따른 결정이다. 또한 soft power 측면에서 생존을 모색하기 위한 국가전략의 대전환이다. 러시아와 국경을 접하고 있어서 완충지대(buffer zone) 확보를 사활적 이익으로 하는 러시아 입장을 잘 알고 구사한 전략으로 보인다. 2022년에 러시아가 이웃 국가인 우크라이나를 무력으로 침공하는 모습이 촉발제가 되었고, 국제질서는 무정부주의에 기반을 둔다는 현실을 수용한 결정이다.

러시아가 우크라이나를 침공하자 핀란드는 2022년 3월 말에 헬싱키와 약 380km 떨어진 러시아 2대 도시 상트페테르부르크를 오가는 기차 노선을 3월 말 폐쇄했다. 이 역은 핀란드가 러시아의 지배를 받던 시절인 1862년 건립됐다.

핀란드가 NATO에 가입한 이후에 러시아의 군사 위협이 노골화되면서 핀란드에는 어려운 상황이 전개될 수 있다. 그런데도 핀란드는 자국의 생존을 위해 선택의 여지가 없다고 판단한 것이다.

UAE

이번 여행지는 중동의 허브, 아랍에미리트(UAE)다. UAE는 개방과 혁신을 지속하여 글로벌 허브가 되어 가고 있다. 석유가 많이 나는 중동국가에서 세계적인 쇼핑, 문화와 예술, 스포츠, 교통의 중심으로 거듭나고 있다.

이를 증명하듯, UAE의 두바이에 있는 두바이 몰에만 매년 5,400만 명 이상이 방문한다. 2022년 IMF의 기록을 보면, UAE의 두바이 국제공항은 공항 이용객 수가 2022년 한 해만 거의 6,000만 명으로 추정하고 있다. 두바이는 글로벌 여행 플랫폼 회사인 트립어드바이저(Trip advisor)에서 선정한 2022년 가장 인기 있는 여행지 1위에 올랐다.

국방협력을 위해서 UAE를 몇 번 방문한 경험이 있다. 나의 눈에 비치는 UAE는 국가 비전과 전략이 돋보이는 나라였다. 사막을 중동과 아프리카의 금융, 관광, 항공, 물류, 부동산 허브로 만드는 비전이 착착 계획대로 구현되고 있었다.

국가의 기본 인프라 이용에도 불편함이 없었다. 종교적인 규율이 엄격한 이슬람 국가에 있음을 느끼지 못할 정도로 다양성과 역동성, 실용성이 느껴졌다.

아부다비를 중심으로 7개의 에미리트 토후국을 모아서 UAE라는 연방을 유지하는 리더십 발휘가 돋보였다. 국가의 리더십은 석유 이후의 시대를 선제적으로 준비하고 있었다. 원전을 포함한 신재생, 녹색 에너지, 혁신, 산업 다변화, 미래산업 발굴 등에서 중동뿐만 아니라 세계를 선도하는 모습이었다.

두바이 전경
(https://en.wikipedia.org/wiki/Dubai)

UAE는 1971년 독립한 짧은 역사를 지녔지만, 에너지 수출과 더불어 제조업, 관광산업 등을 통해 경제성장을 이뤄 냈다. 순수 자국민은 117

만 명이지만 사막의 기적이라고 불리는 지금의 UAE를 만들어 냈다.

UAE의 국가 리더십은 사람과 문화, 자원 교류의 장을 온전하게 보장하기 위한 생존전략 구사에도 탁월한 역량을 보인다.

UAE는 규모 면에서는 작은 나라지만 영리한 외교력을 발휘한다. 영특한 외교력으로 자국의 soft power 역량을 높여 가는 생존전략을 구사하고 있다. 미국과 친밀한 관계를 유지하지만, 국제사회의 주요 이슈에서 항상 미국의 의견을 따르지는 않는다. 미국이 국제무대에서 억제에 힘쓰는 러시아와 중국과도 사안별로 협력한다. 예멘 반군의 격퇴를 위해 사우디와 연합군을 결성하여 전쟁을 수행하지만, 항상 사우디의 의견에 따르지는 않는다. 최근 UAE는 4년 동안의 전쟁을 마치고 예멘에서의 철군을 발표했다. 예멘 내전 참전을 통해서 UAE는 예멘 정부를 지원하는 사우디와 함께했다.

동시에 UAE는 예멘 내부의 분리주의 세력인 '남부과도위원회(STC, Southern Transitional Council)'와도 손을 잡았다. '남부과도위원회'는 중국과 러시아의 지원을 받는, 예멘 남부 아덴항 등을 거점으로 하는 반정부 집단이다. UAE는 '남부과도위원회'와 협력하여 아덴만 일대의 소코트라 군도, 페림(마뉴)섬 등에 항만과 기지를 건설하고 있다.

UAE의 소코트라 군도 확보
(https://en.wikipedia.org/wiki/Socotra)

UAE는 사우디가 종주국 역할을 하는 아랍 지역의 대표 적대국인 이스라엘과도 협정을 맺고 군대는 연합훈련을 한다. 최근에는 홍해에서 이스라엘 군대와 연합훈련을 했다. 우크라이나 사태와 관련하여서는 미국이 주도하는 러시아 제재에도 동참하지 않았다.

UAE는 사우디의 가상적국인 이란을 위협으로 인식하지만, 그 정도는 사우디와 다르다. 최근 이란과 대화를 모색하고 있다. UAE 왕실의 핵심 인사인 셰이크 타흐눈(Sheik Tahnoun) 국가안보보좌관을 이란으로 보내 라이시(Ebrahim Raisi) 대통령과 역내 안보 문제 등에 대해서 의견을 교환했다. 이란과의 경제교역의 증가는 UAE가 사우디와 결이 다른 전략을 구사하고 있음을 보여 준다.

이스라엘과 UAE 정상회담
(www.wam.ae/en/archive?q=ISRAELI+PRESIDENT)

UAE의 훌륭한 국가 리더십은 국방 분야에서도 쉽게 찾아볼 수 있다. UAE의 국방력 강화에 드는 예산의 규모는 크게 고려사항이 아닌 것처럼 보였다. 자국의 안보를 위해 필요하다고 최종적으로 판단되면 최첨단 고가 무기체계 구매도 주저하지 않기 때문이다. 하지만, 최종 판단의 과정은 얄미울 정도로 매우 정교하고 영특하게 진행하고 있다.

UAE 공군의 차세대전투기 구매사업이 이를 잘 보여 준다. UAE는 미국의 F-35 전투기를 구매하기 위해 협상을 시작했으나, 진행 과정에서 차질이 발생했다. 최근 발표를 보면, UAE는 최종적으로 프랑스와 차세대전투기 구매계약을 체결했다. 최근에 UAE는 대한민국으로부터도 많은 무기체계를 구매했다. 이 과정에서도 UAE 정부는 유사한 전략을 구사했을 것으로 상상이 간다.

실리를 추구하는 전략도 눈에 띈다. UAE의 국방 현장에 가 보니, UAE 국가 리더십의 경호를 담당하는 부대의 지휘관은 호주군 출신이었다. UAE 특수부대의 훈련을 참관하기 위해 현장에 가 보니 미군 출신이 교관의 임무를 수행하고 있었다. 태권도 교육은 한국군 출신이다. 국적과 출신을 불문하고 자국 군대를 최강의 부대로 만드는 데 최적의 인적자원을 투입하고 있었다.

협력안보의 지혜도 엿보인다. 우리나라는 UAE에 아크 부대를 파병했다. 우리나라가 협력안보라는 명분으로 분쟁이 없는 지역에 전투부대를 파병한 최초의 사례라고 할 수 있다. UAE에는 협력안보의 이름으로 대한민국뿐만 아니라 미국, 영국을 포함한 몇몇 나라의 군대가 주둔하고 있다.

평상시에 UAE에 주둔하고 있는 외국 군대와의 훈련을 통해 연합작전 수행 능력을 키운다. 하지만, 높은 전투력을 자랑하는 외국 군대가 UAE에 주둔하고 있다는 사실만으로도 충분히 국가의 안전을 보장하는 역할을 톡톡히 하는 셈이다.

UAE는 젊은이들에게 국가 미래를 위한 학습을 강화하고 있다. 나라의 위치나 규모와 상관없이 자국의 젊은이들이 배울 수 있는 장점이 있으면, 직접 보내 학습시킨다. UAE 젊은이들의 대한민국 배우기도 그 하나이다. 'Youth Ambassadors'라는 프로그램을 시행하여, 매년 선발된 UAE의 젊은이들이 대한민국을 배워 간다. 이들이 복귀하면 국가 리더십(당시 왕세제)이 직접 주관하여 배움을 확인한다.

محمد بن زايد يستقبل سفراء شباب الإمارات

Youth Ambassadors 학생들과 대화하는 왕세제
(www.wam.ae/en/details/1395288448751)

2012년에 당시 UAE 왕세제가 직접 'Youth Ambassadors' 프로그램을 시작했는데, 제일 먼저 UAE 젊은이들을 보내기로 한 나라가 대한민국이다. 20명의 UAE 대학생들이 선발되어 4주 동안 대한민국에 머무르면서 한국어 교육은 물론 국가기관, 기업체, 문화와 역사 유적 등을 방문했다. UAE의 미래 국가지도자를 양성하는 프로그램이다. 참으로 훌륭한 국가 리더십이다.

2017년에 대한민국을 방문한 UAE 젊은이들
(외교부 자료)

군의 영역에서도 다른 나라 군대의 배울 점을 찾아서 학습한다. 한국군의 장교양성 프로그램에 다수의 UAE 장교들이 참여하고 있다. 우리나라 육군의 과학화훈련장에서 소규모 연합훈련도 한다. 휴전 상태에서 북한군과 대치하고 있는 한국군이 UAE 군대에는 좋은 배움의 터이기 때문이다.

물리적 군사력을 갖추기 위한 UAE의 노력도 중동의 다른 국가들과 비교해서 독보적이다. UAE는 국가의 생존을 위해 징병제를 시행하여 약 7만여 명의 현역을 유지하고 있다. 자국민이 120만 명 내외여서 이슬람에서는 보기 힘든 여군까지도 운용하고 있다. CNN에서 송출되는 UAE 국가홍보 영상에는 여군 조종사도 등장한다.

GDP에서 국방비가 차지하는 비율은 2020년 기준으로 5.6%이다. 이

유엔에서 Asia Society's Game Changer Award를 받은 UAE 여군 전투기 조종사
(www.wam.ae/en/details/1395286749162)

를 2022년 실질 GDP로 환산하면 대략 360억 달러이다. GDP 대비 국방비 비율 5.6%는 분단국인 우리의 2배를 넘는 수치이다.

국방예산의 규모에서 보듯이, UAE는 최강의 무기체계를 갖추는 노력을 지속하고 있다. 미국으로부터 22억 달러 규모의 고고도 미사일 방어 시스템을 도입했다. 이스라엘의 아이언 돔도 도입했다. 대한민국에서도 4조 규모의 대공미사일을 포함해서 다양한 무기체계를 도입한 것으로 알려졌다.

UAE는 자국군을 실제 전투에 참여시켜 전투 경험도 축적하고 있다. 얼마 전까지 사우디와 연합군을 구성하여 4년 이상 예멘 내전에 참전하였다. 아덴만 인근의 호데이다 전역에만 연대 규모 병력을 파병했고, 항공 전력도 대대급 이상으로 투입했었다. 예멘과의 전쟁은 새롭

방위사업청 자료

게 구매한 첨단 무기체계의 활용은 물론 UAE 군대의 훈련 수준을 점검하는 기회가 되었다.

UAE 군대는 본토에 파병된 외국 군대와의 다양한 훈련을 통해 자국군의 수준을 향상하고 있다. 경험 많은 외국군 교관을 고용하여 전투 역량을 강화하는 방법도 적용하고 있다.

국가 안보를 위한 노력에 비춰 볼 때 확고한 생존전략을 구사하고 있는 UAE의 지금의 모습은 다른 산유국들과 비교하면 차별적이다. 원유라는 풍부한 자원이 있는 모든 산유국이 UAE와 같은 수준의 발전과 국가적 위상을 갖고 있지 않기 때문이다.

한-UAE 특수부대 훈련
(국방부 자료)

UAE의 이러한 성과는 명확한 비전을 제시하고, 이를 강한 추진력으로 시행하는 국가 리더십이 있어서 가능하다고 생각한다. 이것이 인접 중동국가와 UAE의 가장 명확한 차별성이다. UAE의 국가 리더십은 생존전략의 두 축인 soft power와 hard power를 갖추는 전략을 구사하고 있다. 든든한 안보를 바탕으로 경제적인 발전을 추구해야 한다는 확고한 국가통치 철학이 돋보인다.

UAE의 안보 상황은 매우 도전적이다. 물리적으로 인구가 150만 명도 안 된다. 국부의 원천인 원유는 이란과 접한 바다를 통해서만 수출할 수 있다. 주변에는 역사적으로 갈등 관계이거나 정세가 불안정한 국가들이 많다. 해적을 포함한 비전통적인 위협도 점점 증가하고 있다. 그러나 UAE의 토양에 맞게 생존전략을 구사하여 지구촌의 허브로 당당하게 역할을 하고 있다.

대만

동북아시아에서 중국을 상대로 생존을 모색하고 있는 대만으로 가보자.

대만은 생존전략 차원에서 꼭 보아야 할 국가이다. 현존하는 직접적인 군사 위협과 대응하고 있다는 점에서 비교적 우리와 유사한 안보 환경을 갖고 있기 때문이다.

군사력을 포함한 중국의 국력이 커지면서 대만의 생존전략은 제3자의 입장에서 보면 더욱 어려워 보인다. 과연 대만은 중국의 위협에 대응할 수 있을까? 순식간에 중국의 무력에 굴복하지는 않을까?

그러나 대만은 중국과의 군사적 대결 불사 의지를 여러 곳에서 보여주고 있다. 대만의 일부 정치인들은 '하나의 중국'을 공개적으로 거부한다. 대만 가오슝에 있는 황포군관학교에 가서 본 대형 조형물에 쓰인 글귀가 인상 깊었다. "본토에서 고통받고 있는 동포들을 구하자"라는 구호이다. 비현실적인 구호성 문구로 보이지만, 청년 사관들에게 정신적인 충격을 주려는 의도가 흥미롭다.

대만의 이러한 호기는 미국이라는 든든한 후원자가 있어서 가능할 것이다. 미국과의 안보협력이 생존의 근간이라는 점은 우리나라와의 공통분모 중 하나이다.

황포군관학교에서 필자 촬영, 1987.12.23.

대만은 생존을 위해 미국과의 편승전략을 선택하고 있다. 대만의 직접적인 군사 위협인 중국의 물리적인 국력과 군사력이 압도적이기 때문이다. 대만의 미국 편승전략은 매우 성공적으로 보인다. 아직은 중국의 무력에 의한 대만 침공이나 점령이 저지되고 있다.

대만이 의지하고 있는 미국은 때로는 직접, 때로는 묵시적으로 대만의 생존에 대한 관여 의지를 표현하고 있다. 중국의 위협에 굴하지 않고 대만에 첨단무기를 수출한다. 미국은 중국 본토와 대만 사이의 해협을 '국제수역'으로 규정하고 전투함 항해를 강행하고 있다.

또한 대만은 미국의 수도 워싱턴에 강한 로비 집단을 운용하고 있다. 대만 정부의 로비는 미국 의회에 대만 코커스를 운영하는 성과를 가져왔다. 대만의 생존을 지원하고 행동으로 실행하기 위해 미국 의회 구성원으로 결성된 모임이다. 대만 코커스의 효과는 직접적인 성과로 나타나고 있다.

미국 상원 외교위원회는 2022년 9월에 비수교국인 대만과의 관계를 사실상 동맹국 수준으로 끌어올리는 「대만정책법」을 통과시켰다. 대만을 대한민국, 이스라엘, 일본처럼 비NATO 동맹으로 지정하고 미국산 무기를 대만에 이전할 수 있도록 했다. 대만군에 향후 4년간 45억 달러(약 5조 8,000억 원) 규모의 자금을 지원하는 내용도 포함되어 있다.

미국 정부의 대만 지원은 매년 미국 국방예산을 승인하는 「국방수권법」에 포함되어 드러난다. 2022년 12월 9일에 미 의회가 공개한 「국방수권법」을 보자. 미국 정부는 중국을 겨냥하여 대만 정부에 향후 5년 동안 13조 원을 지원한다. 미국이 대만의 국방 현대화를 지원하는 소위 「대만복원력 강화법」이 처음으로 신설되었다.

대만해협을 통과하는 미 해군 함정
(www.defense.gov/News/News-Stories/Article /Article/2807578/while-chinas-intimidation-of-taiwan-continues-us-remains-committed-to-taiwanese/)

대만은 생존을 위한 hard power를 갖추는 조치도 지속하고 있다. 모병제를 추진하다가 최근에는 다시 징병제를 시행하고 있다. 국방예산도 대폭 늘리고 있다. 대만 정부는 2023년 국방예산을 4,151억 대만달러(한화 약 18조 6,670억 원)로 전년 대비 12.9% 대폭 증액 편성했다. 대만의 국방예산은 정부 예산의 16.2%를 차지한다. 100만 명 이상의 북한 정규군과 비무장지대를 놓고 대치하고 있는 우리나라보다 더 높은 수치이다.

대만은 '고래와 새우 싸움' 정도로 보이는 상황에서 왜 그런 몸부림을 치고 있을까? 생존을 위해 미국의 협력을 얻어 내는 대민의 국가전략은 참으로 연구가 필요한 부분이다.

Table. Comparison of PLA and Taiwan Military Forces

Capability	PLA Eastern and Southern TCs	Taiwan
Ground Force Personnel	416,000	88,000 (active duty)
Tanks	6,300 across PLAA	800
Artillery Pieces	7,000 across PLAA	1,100
Aircraft Carriers	1 (2 total)	0
Major Surface Combatants	96 (132 total)	26
Landing Ships	49 (57 total)	14
Attack Submarines	35 (65 total)	2 (diesel attack)
Coastal Patrol Boats (Missile)	68 (86 total)	44
Fighter Aircraft	700 (1,600 total)	400
Bomber Aircraft	250 (450 total)	0
Transport Aircraft	20 (400 total)	30
Special Mission Aircraft	100 (150 total)	30

Source: *Annual Report to Congress:* Military and Security Developments Involving the People's Republic of China 2021 (Washington, DC: Office of the Secretary of Defense, 2021), 161–162.

중국과 대만 군사력 비교
(https://ndupress.nde.edu/Publications/Books/Crossing-the-Strait/)

페루

이번 여행국은 남미 대륙의 페루이다. 우리나라에는 잉카제국 최후의 요새인 마추픽추로 잘 알려져 있다.

페루는 남미 대륙의 주도권을 좌지우지할 정도의 국력을 가진 국가는 아니다. 하지만 여러 나라와 국경선을 가진 지정학적인 특성과 연계된, 국가 안보를 위협하는 요소들에 대응하는 나라다.

페루의 남쪽과 북쪽 양방향의 국경선을 따라 군사력이 집중적으로 배치되어 있다. 북쪽 인접국인 에콰도르와 남쪽 인접국인 칠레가 가상 적국이다. 두 나라와 모두 무력 충돌이 있었고, 칠레와는 전쟁을 치른 적이 있다.

페루 국민은 칠레와의 전쟁에서 국토를 상실한 경험을 뼈아프게 생각한다. 어업권과 같은 생존 문제는 물론 축구 시합과 같은 사소한 분야까지 칠레와 관계되는 사안에 대해서는 아주 예민하다.

페루는 1879년 2월부터 1883년 1월까지 약 4년에 걸쳐 볼리비아와 연합군을 형성하여 칠레와 맞서 싸웠다. 전쟁의 출발은 볼리비아였으나, 페루가 동맹으로 볼리비아에 합류하면서 전쟁에 휘말렸다.

4년이나 지속한 전쟁의 최종 승자는 칠레였다. 전쟁에 패한 볼리비아는 유일한 태평양 연안 지역인 안토파가스타(Antofagasta)주를 칠레에 넘겨주었다. 또한 페루의 타라파카, 아리카, 타크나(Tacna) 지역이 칠레에 병합되었다. 칠레는 이 중에서 타크나 지방을 나중에 페루에 돌려주었다.

또한 페루는 북쪽의 에콰도르와의 국경 사이에 놓여 있는 열대림 지역을 두고 영토 분쟁이 있었다. 1941년, 1981년, 1995년에 세 차례나 두 나라는 국지전쟁을 했다. 그래서 양국의 국민감정도 몹시 안 좋다.

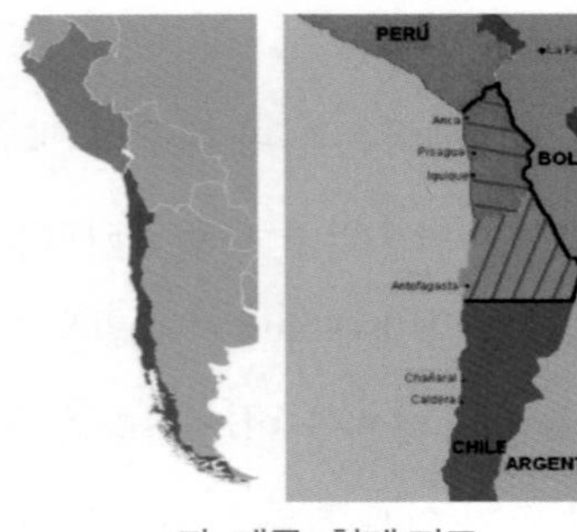

좌: 페루 · 칠레 지도,
우: 전쟁 후 칠레 영토(보라색 빗금)
(https://en.wikipedia.org/wiki/Chile-Peru_relations; https://en.wikipedia.org/wiki/War_of_the_Pacific)

이러한 여건에 있는 페루의 생존전략 구사를 soft power와 hard power로 구분하여 살펴보자.

페루는 과거 분쟁이 있었던 국가들과의 관계를 개선하는 노력을 하고 있다. 페루는 영토 분쟁으로 인해 국경을 맞대고 있는 인접 국가인 브라질, 칠레, 에콰도르, 콜롬비아와 갈등 관계에 있었다. 이에 따라 이웃 나라들과 영토 분쟁, 전쟁, 외교적 갈등을 여러 차례 경험했다.

페루가 주변국과 관계를 개선하려고 노력하는 데에는 칠레와의 국경 분쟁 문제 마무리가 가장 영향이 커 보인다. 페루는 2014년 3월 26일에 칠레와의 해상경계선 조정에 합의했다. 1879년에 칠레와의 전쟁 후 130년 동안 계속된 태평양 해상경계선 분쟁이 종료되었다. 페루는 칠레와 함께 APEC과 TPP에 회원국으로 가입해 있다. 과거 전쟁의 패배로 국토를 상실하여 앙숙 관계였던 칠레와의 관계가 한층 가까워지고 있다.

페루는 안데스산맥 일대의 국경선 설정과 관련하여 에콰도르와 영토 분쟁을 해 왔다. 에콰도르와의 갈등은 1821년과 1830년 두 나라가 스페인으로부터 독립할 때 획정된 국경선에서 시작됐다. 170년 동안 계속된 두 나라의 다툼은 1998년 평화적으로 해결되었다. 이러한 영토 분쟁의 해결로 페루는 인접국인 에콰도르와의 관계도 개선하고 있다.

페루의 미국을 포함한 서방국가들과의 국방협력의 확대도 주목해야 할 분야이다. 페루는 미국, 영국 등 서방국가들과 우호적인 관계를 유지하고 있다. 페루는 진영을 가리지 않고 여러 국가와 원만한 관계를 유지하고 있다. 그래서 중국과의 관계도 매우 원만하다.

페루와 우리나라의 국방협력도 활발하다. 페루 육군사령부 전쟁역사관에는 6·25전쟁 영웅 김만술 대위의 흉상이 있다. 페루 해군사관학교에는 이순신 장군 흉상도 있다. 대한민국의 전쟁영웅을 본보기로 삼고자 하는 페루 측의 요청으로 이러한 흉상들이 설치될 정도로 양국

김만술 흉상과 이순신 흉상 제막식
(주페루 대한민국 대사관)

의 협력 관계는 공고하다. 페루군 간부들이 한국군의 다양한 교육 프로그램에 참여하고 있다. 방산 분야의 협력도 활발하여 다수의 한국산 무기체계가 도입되고 있다.

페루는 자국 군대의 물리적 군사력도 확충하고 있다. 페루의 상비군은 95,000명 수준이며, 준군사력인 경찰을 124,000명 보유하고 있다. 인접 국가인 칠레가 70,000명, 에콰도르가 40,000명의 상비군을 유지하고 있음을 고려할 때 상당한 수준이다. 페루 정부는 2021년 기준으로 GDP의 1.1%를 국방비로 지출하고 있다. 페루의 실질 GDP를 고려하면 대략 46억 달러 정도의 규모이다.

2022년을 기준으로 페루의 방산시장 규모는 연간 18억 달러 규모이다. 무기체계 현대화의 목적으로 활발하게 장비를 현대화하고 있다. 그 목적으로 우리나라와의 방산 협력이 확대되고 있다.

페루 정부는 2012년 11월에 대한민국으로부터 KT-1 훈련기 10대와 경공격기 10대의 도입을 결정했다. 대한민국 공군에서 1970년대부터 사용되던 A-37 공격기 8대는 2010년 2월 페루에 무상 양도됐다. 한국산 함대함 미사일도 수출되어 전투함에 탑재한 것으로 알려졌다. 방사청에 따르면, 우리 방산업체들이 만든 군용차량, 장갑차, 잠수함, 호위함 등도 중남미 국가들의 관심 대상이다.

페루는 과거 분쟁국과의 관계 개선으로 soft power를 높이는 지혜를 발휘하고 있다. 이와 동시에 지속해서 자국의 물리적인 군사력을 키우고 있다. 왜 그럴까?

페루 공군에서 운용하는 KT-1
(『국방일보』(2014.10.22.))

이웃 국가와의 전쟁에서 패배하여 영토를 상실했던 뼈아픈 과거를 늘 기억하고 있기 때문일 것이다. 앙금을 기억하면서, 후세들의 생존을 위해 전략적으로 soft power를 높이는 것으로 보인다. 좋은 관계를 유지하는 이웃이 많을수록 분쟁의 억제력이 높아지고 위기에 대한 대비의 비용이 상대적으로 줄어들기 때문이다.

soft power의 효과는 충분한 물리적인 힘이 뒷받침되어야 제대로 발휘될 수 있음을 페루는 수많은 무력 분쟁을 통해서 충분히 경험하였다. 역사로부터 터득한 지혜를 국가전략에 투영하고 있는 것이다.

프랑스

1년에 수천만 명의 관광객이 다녀가는 유럽의 아름다운 나라 프랑스로 가 보자. 우리나라 안보의 관점에서 보면 프랑스도 잘 이해가 가지 않는 부분이 많은 나라다.

프랑스는 소련연방이 무너진 이후인 1997년에 징병제를 폐지하였다. 그 이유는 다음의 2가지다. 군사적인 차원에서 소련의 붕괴로 당장 프랑스를 위협하는 요인이 사라졌기 때문이다. 아울러 향후 직면하게 될 안보 위협은 NATO라는 집단방어체제의 유지로 대응할 수 있다고 판단하였기 때문이다.

그런데, 징병제를 폐지하면서 초등학교 학생부터 대학생까지 학교에서 안보 교육을 시행하도록 강제하였다. 1997년 「군복무개혁법(National service reform law)」에 따라 징병제를 폐지하면서 프랑스 국회는 교육부에서 학생들에 대한 국방과 안보 교육 과업을 부여하였다.

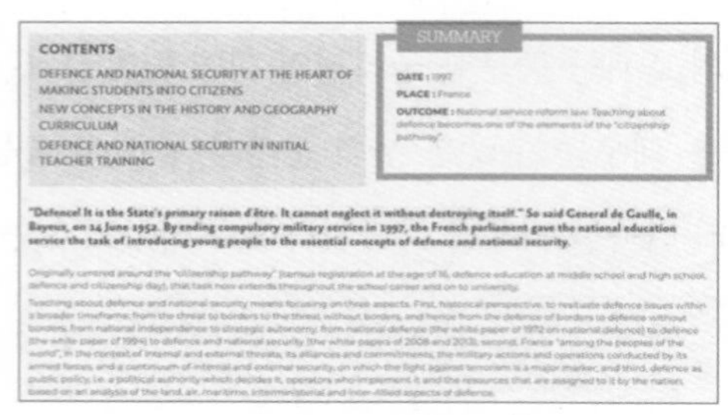

CONTENTS

DEFENCE AND NATIONAL SECURITY AT THE HEART OF MAKING STUDENTS INTO CITIZENS

NEW CONCEPTS IN THE HISTORY AND GEOGRAPHY CURRICULUM

DEFENCE AND NATIONAL SECURITY IN INITIAL TEACHER TRAINING

SUMMARY

DATE : 1997

PLACE : France

OUTCOME : National service reform law. Teaching about defence becomes one of the elements of the "citizenship pathway".

"Defence! It is the State's primary raison d'être. It cannot neglect it without destroying itself." So said General de Gaulle, in Bayeux, on 14 June 1952. By ending compulsory military service in 1997, the French parliament gave the national education service the task of introducing young people to the essential concepts of defence and national security.

프랑스 안보 교육 계획
(프랑스 국방부 홈페이지)

프랑스 국방부의 홈페이지를 보면 안보 교육에 관련된 내용이 잘 나와 있다.

프랑스 학교에서는 연령대별로 내용을 구분하여 국방과 안보에 대해 교육한다. 이 제도의 시행 최초에는 16세에 주민등록을 하게 되면, 이때부터 중학교와 고등학교에서 '국방과 시민교육의 날'에 안보 교육을 했다. 지금은 초등학교부터 대학교까지로 교육 대상이 확대되었다. 안보 교육은 안보에 대한 역사적 관점 교육, 국내외 프랑스 군대의 군사 활동 소개, 국방정책에 대한 이해에 주안을 두고 진행한다.

초등학교에서는 도덕과 시민의식을 중점적으로 교육한다. 중학교에서는 프랑스라는 국가의 기본인 국가의 상징, 국가의 문장, EU와의 관계 등을 교육한다. 14~15세에는 학교 교육의 20%를 할애하여 '국방과 평화'에 대해 교육한다.

초등학교 마지막 학년의 안보 교육 모습
(프랑스 국방부 홈페이지)

16~17세에는 국방에 대한 교육에 집중한다. 국방의 구조, 국방 도전 요소, 1·2차 세계대전, 현재 진행 중인 무력 분쟁 등을 교육한다.

Throughout schooling, especially in middle and high school, young pupils benefit from specific education on the theme of defence integrated into the educational programmes of the Ministry of Education.

This teaching allows students to acquire knowledge, skills and the necessary culture in terms of defence and national security through their history, issues and heritage. It is the first step in the citizenship process created by the law of 28 October 1997 and implemented by teachers in the Ministry of Education.

프랑스 고등학교 안보 교육 모습
(프랑스 국방부 홈페이지)

18~19세에는 현대사의 주요 무력 분쟁에 대한 역사적 관점, 알제리 전쟁, 2차 세계대전, 2차 세계대전 이후 강대국 관련 분쟁과 갈등 등을 교육한다. 전문 직업학교에서는 국방의 의무에 주안을 두고 교육한다.

Collège Jean-Philippe Rameau, Champagneau- Mont-d'Or의 안보 교육 모습
(프랑스 국방부 홈페이지)

교사들에게도 안보에 대해 가르친다. 군사, 국방, 안보에 대해 가르칠 교사들은 임용 교육 기간에 안보 분야에 대한 기본적인 내용을 교육받는다. 안보 교육이 정식 학교 수업으로 편성되어 있으니, 학생들은 안보 교육을 이수해야 졸업할 수 있다. 교사들은 관련 내용을 알아야 가르칠 수 있다. 그래서 체계적이고 단계적인 안보 교육이 가능하다.

우리나라도 한때는 고등학생과 대학생을 대상으로 안보 관련 내용을 가르쳤었다. 고등학교에서는 모든 남녀 학생들을 대상으로 '교련'이라는 군사교육을 했다. 남학생들은 제식훈련, 사격술, 총검술과 같은 기초적인 군사훈련을 받았다. 여학생들은 이 시간에 부목법, 응급처치 등에 대해서 배웠다.

대학생들은 기초적인 군사훈련과 더불어 전방부대에 직접 입소하여

안보 교육을 받는 교사들 모습
(프랑스 국방부 홈페이지)

병영을 체험하였다. 대학교에서 안보 관련 교육을 받고 입대하면 교육받은 시간에 비례하여 군 복무기간을 단축해 주었다.

북한이라는 현존하는 군사적인 위협은 그대로이다. 그러나 우리나라 고등학생과 대학생을 대상으로 시행하던 군사교육은 모두 없어졌다. 학교에서의 군사교육이 오래전에 사라진 우리에게 초등학교, 중학교, 고등학교는 물론 대학교에서 안보 교육을 하는 모습을 상상할 수 없다. 우리의 지금의 문화적 기준으로 보면 프랑스의 학생을 대상으로 하는 안보 교육은 이해가 잘 안 되는 대목이다.

당장 대응해야 할 군사적인 위협도 없는 프랑스는 왜 이렇게 할까? 국가의 생존과 번영을 위한 국가전략의 일환이 아닐까? 다음 세대의 생존을 보장하기 위한 안보보험에 가입하는 지혜가 아닐까?

중국

다음 여행국은 우리의 이웃 나라 중국이다. 북한은 국제법과 규범을 무시하고 지속해서 핵 능력과 미사일 능력을 확보하고 있다. 이에 상응하여 국제사회는 유엔을 중심으로 강도 높은 경제 제재를 하고 있다. 이러한 상황에서도 북한 정권은 생존하고 있으며, 핵과 미사일 능력 확보 행위를 지속하고 있다.

국제적으로 강한 경제 제재를 받는 북한이 생존할 수 있는 이유는 무엇일까? 바로 중국의 지원 때문이다. 북한 정권이 유지되는 데 있어서 중국의 역할은 절대적이다. 북한이 생존하도록 노골적으로 원유, 물자 등을 지원하고 있기 때문이다.

연도별 통계 수치에 다소의 차이는 있지만, 북한의 대외무역은 중국

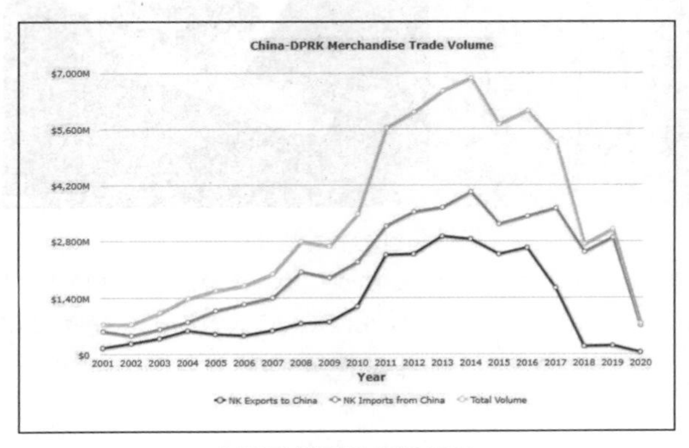

북한과 중국의 무역 규모
(www.northkoreaintheworld.org/china-dprk/total-trade)

이 80% 이상을 차지한다. 국제 제재 상황에서 중국은 원유를 포함한 북한의 생존에 필요한 필수 자원을 제공하고 있다. 식량, 원유, 생활에 필요한 공산품 등이 중국으로부터 북한으로 들어온다. 도표에서 나타나는 북·중 교역 현황은 이러한 사실을 증명한다.

아래 사진은 서해상에서 중국이 북한에서 불법으로 원유를 판매하는 모습이다. 유엔안보리의 제재에도 불구하고 북한은 불법 환적(옮겨 싣기)을 통해 필요한 원유를 공급받고 있다. '자유의 소리(Voice of America)' 보도에 따르면, 2022년 한 해에만 36건의 불법 환적이 포착되었다. 이러한 불법 환적은 지금도 계속되고 있으며, 2023년에는 그 규모가 더 커지는 추세이다.

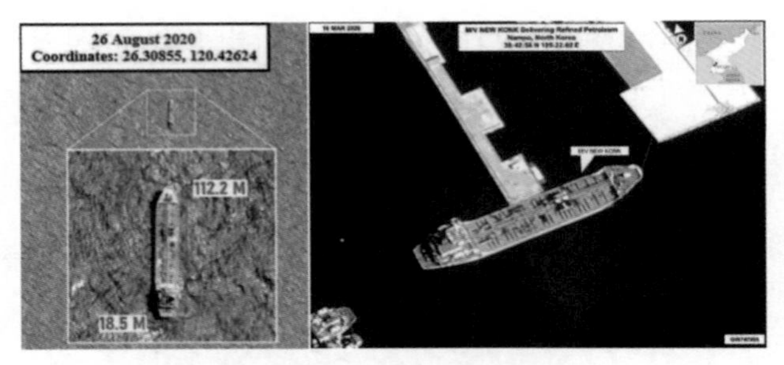

북한 불법 원유 수입 선박
(United Nations Security Council Sanctions Committee on North Korea 보고서
(https://documents-dds-ny.un.org/doc/UNDOC/GEN/N21/034/37/PDF/N2103437.pdf?OpenElement))

코로나 시기에 방역에 필요한 물자들도 대부분 중국에서 들어왔다.

자오 리젠(Zhao Lijian) 중국 외교부 대변인은 당시 “중국과 북한은 산과 물이 맞닿아 있는 우호적인 이웃 나라”라면서 북한과 방역을 협력하는 동시에 도움과 지원을 제공할 것이라고 답했다.

실제로 이러한 발표 직후에 북한 고려항공 소속 비행기 3대가 중국 선양에 도착했다. 화물기들은 중국 당국이 준비한 방역 물자와 의약품 120톤 정도를 싣고 곧바로 북한으로 돌아갔다.

글로벌 무대에서 커 가는 국력을 내세우면서 미국을 넘보고 있는 중국이다. 그래서 미국과 중국을 G2라고 부르면서 중국을 미국과 견주는 강대국으로 표현하고 있다. 중국의 자존심은 엄청나다. 다른 나라나 국제사회가 중국을 비난한다면, 중국의 강한 자존심이 이를 허락하지 않을 것이다.

그런 중국이 국제 규범과 국제사회의 노력에 배치되는 행동을 노골적으로 하면서 북한 정권의 생존 유지를 지원하고 있다. 중국의 이러한 모습은 세계적인 강국의 자존심을 내세우는 중국의 모습과 상충한다.

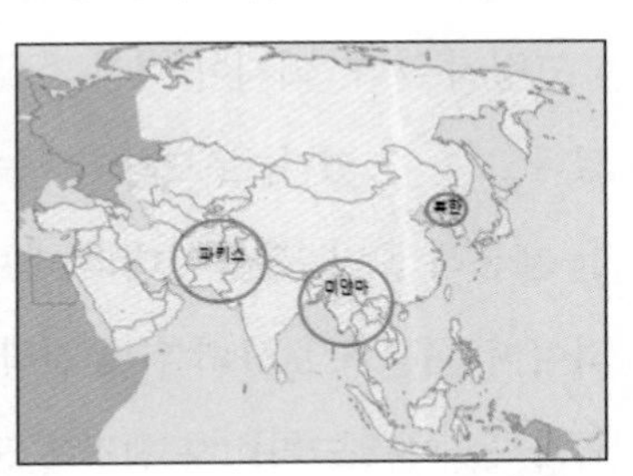

중국과 순망치한 관계 3국
(지도: https://en.wikipedia.org/wiki/Geography_of_Asia)

중국이 이렇게 행동하는 이유를 국가 생존전략 차원에서 보면 북한이 완충지대의 역할을 하는 순망치한 국가이기 때문이다. 중국과 국경을 접하고 있는 나라는 모두 14개이다. 이 중에서 중국에서 순망치한의 역할을 하는 국가는 파키스탄, 미얀마, 북한이다.

다시 말해, 북한이라는 완충지대(buffer zone) 유지가 중국의 사활적 이익이다. 자국의 사활적 이익을 보장하기 위해서는 북한을 중국의 영향권 안에 두어야 한다. 중국의 사활적 이익 관점에서 접근하면 중국의 대북 전략이 이해된다. 완충지대 확보가 중국의 국가 생존과 직결되기 때문이다.

 러시아

마지막으로 2년째 우크라이나와 전쟁 중인 러시아로 가 보자.

지금이 2020년대인데 러시아는 이웃 나라인 우크라이나를 대상으로 냉전 시대와 같은 형태의 무력으로 침공했다. 국제사회 전체가 러시아를 비난하고 있다. 그런데 왜 러시아는 이렇게 전쟁을 시작했을까? 푸틴이 전쟁광이거나 포악한 독재자이기 때문일까?

그렇지 않다. 러시아 역시 자국의 생존을 위한 안보보험에 가입하고 있다고 볼 수 있다. 우크라이나는 서방과 러시아의 사이에서 완충지대를 제공해 준다. 완충지대의 확보가 러시아의 생존을 위한 사활적 이익이며, 이를 확보하기 위해 전쟁이라는 수단을 선택한 것이다.

러시아의 우크라이나 침공을 군사적으로 분석해 보면, 러시아는 1년 이상 치밀하게 우크라이나 침공을 준비했다. 훈련을 가장하여 사전에 벨라루스를 포함한 국경 주변으로 부대를 이동하여 배치했다. 국방개혁을 시행하여 러시아군을 새로운 부대로 편성하고 장비를 갖추었다. 러시아 정부는 동원을 통해 필요한 전투 병력을 확보했다. 돈바스 지역을 중심으로 하이브리드전(Hybrid Warfare)을 하여 회색지대에서의 전쟁 준비도 마쳤다. 사이버전과 심리전 수행은 물론 반우크라이나 저항 세력을 활용한 투쟁으로 분쟁 여건을 조성하였다.

이렇게 러시아가 전쟁이라는 수단을 선택한 원인은 크게 3가지로 요약할 수 있다. 러시아의 우크라이나 침공의 첫 번째 원인은 러시아와 우크라이나 모두 동슬라브 민족이라는 동질성과 과거 지배관계라는 역사적인 배경이다. 두 번째 원인은 우크라이나가 갖는 지정학적인 가치가 러시아에 사활적 이익이기 때문이다. 세 번째 이유는 미국의 세계전략과 러시아의 사활적 이익 충돌에 있다. 전쟁의 세 가지 원인에 대해 좀 더 살펴보자.

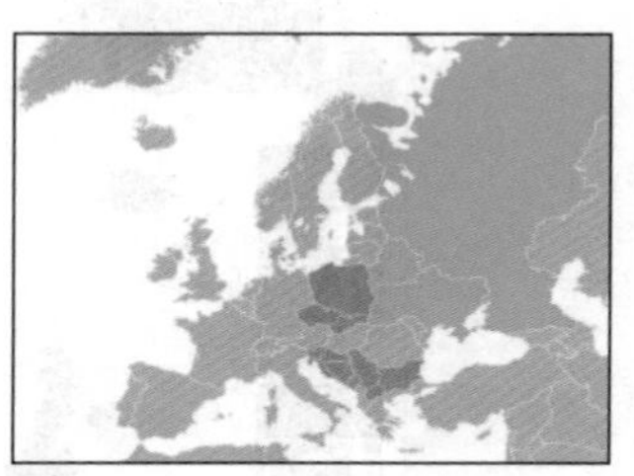
동슬라브 민족
(https://en.wikipedia.org/wiki/East_Slavs)

첫 번째, 러시아의 우크라이나 침공의 원인을 역사적인 배경에서 살펴보자. 러시아는 우크라이나와 역사적으로 매우 밀접한 관계이다. 러시아와 우크라이나는 9세기 동슬라브 민족이 건립한 봉건국가인 키이우르스에서 기원한다. 현재의 러시아, 벨라루스, 우크라이나 3국의 국가 정체성 형성의 바탕이다.

우크라이나 지역은 17세기부터 러시아 지배하에 있었다. 1922년에는 소비에트 연방에 우크라이나가 합병되어 소련이 붕괴한 1991년까지 지배되었다. 지역별 러시아어 사용 인구분포를 보면 이러한 역사적인 배경이 그대로 드러난다. 2014년에 독립을 선언하고 내전을 벌였던 돈바스 지역은 러시아어를 사용하는 인구의 비율이 90%를 넘는다.

이러한 민족의 동질성과 과거 지배 관계로 인해서 러시아는 우크라이나에 대한 지배권 유지와 영토 점령을 당연하게 생각한다. 이러한 역사적 배경이 러시아의 우크라이나 침공에 작동했다고 볼 수 있다.

두 번째, 우크라이나가 갖는 지정학적 가치에 대해 알아보자. 러시아에게 우크라이나는 유럽의 집단안보 기구인 NATO의 동진을 막는 완충지대(buffer zone)이다. 유럽의 서방 국가들은 NATO의 동진을 추진하고 있다. 그러나 NATO의 동진은 러시아와의 약속 위반이다.

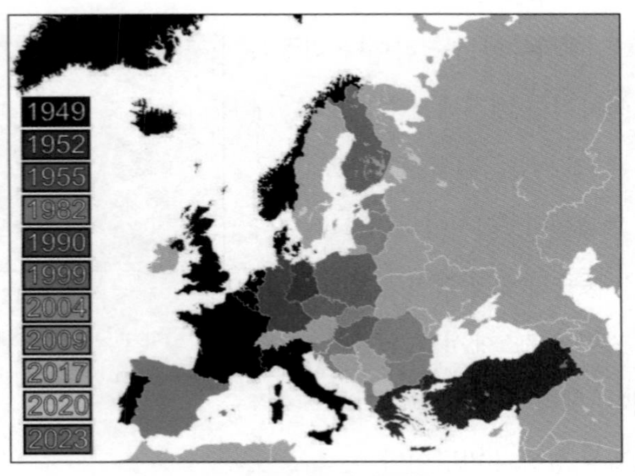

NATO 회원국 확장 현황
(https://en.wikipedia.org/wiki/Enlargement_of_NATO)

독일의 통일을 진행하는 과정에서 1991년에 미국과 독일은 NATO의 범위가 지금으로부터 단 1인치도 동쪽으로 나가게 하지 않겠다고 약속했었다. 아래의 지도는 1991년 이후 NATO 동진의 실체를 보여 준다. 푸틴이 우크라이나 침공 이전에 반복해서 NATO의 동진에 대해 언급했던 이유가 여기에 있다. NATO 확장의 차단이 러시아의 사활적 이익이기 때문이다.

유럽 서방국가의 EU 확장도 러시아에는 NATO의 동진과 같은 맥락으로 위협으로 간주하고 있다. 그래서 EU 확장의 끝단에 있는 우크라이나가 러시아의 사활적 이익을 지켜 내는 중요한 위치이다.

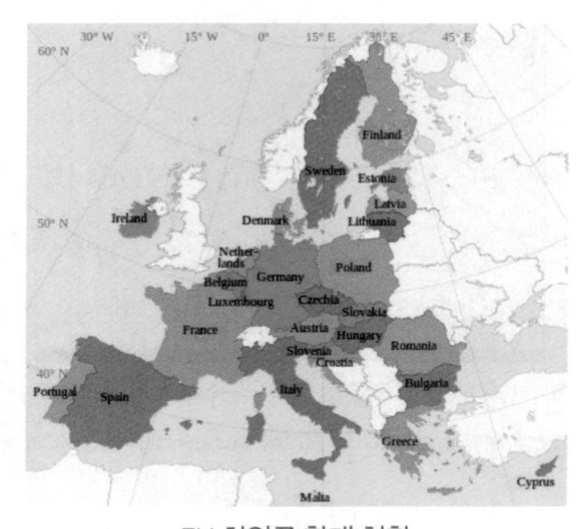

EU 회원국 확대 현황
(https://en.wikipedia.org/wiki/Member_state_of_the_European_Union)

유럽에서 러시아 천연가스는 40%의 점유율을 가지고 있다. 러시아

원유는 유럽 시장의 27%를 점유하고 있다. 러시아는 유럽의 자국 에너지에 대한 높은 의존도를 바탕으로 천연가스 무기화 정책을 추진하고 있다. 러시아 에너지를 유럽으로 공급하는 경로는 모두 7개이다. 이 중에서 5개가 우크라이나를 통과한다. 즉, 우크라이나가 러시아의 천연가스 무기화 정책의 핵심적인 위치에 있는 것이다. 그래서 우크라이나는 러시아에 사활적 이익이 달린 나라이다.

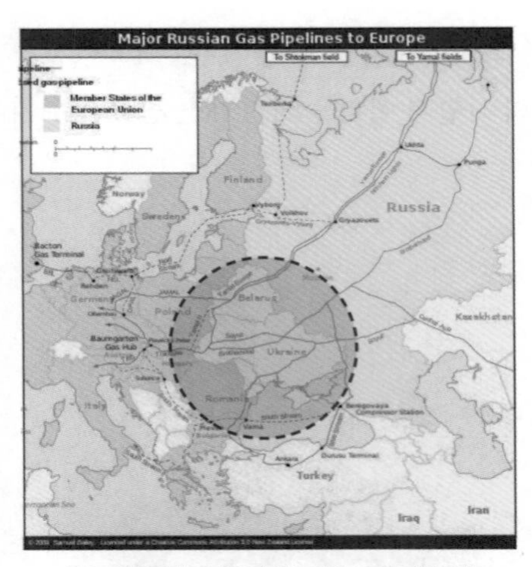

우크라이나를 통과하는 러시아 가스관
(https://en.wikipedia.org/wiki/2009_Russia%E2%80%93Ukraine_gas_dispute)

우크라이나의 풍부한 자원도 러시아의 사활적 이익이다. 우크라이나는 풍부한 지하자원이 있다. 철광석 매장량은 세계 1위이며 석탄 매장량은 세계 6위이다. 우크라이나의 비옥한 토지는 곡물 생산의 최적

지이다. 우크라이나의 밀과 옥수수 생산량은 세계 3위이며, 해바라기씨유 생산량은 세계 6위이다.

요컨대, 우크라이나의 지정학적 가치와 풍부한 자원이 러시아에게는 사활적 이익이다. 러시아의 사활적 이익이 외교나 평화적인 협상으로는 확보될 수 없다고 판단해서 전쟁을 선택했다고 볼 수 있다.

세 번째, 유럽에서 러시아의 확장을 막으려는 미국의 세계전략과 러시아의 사활적 이익 충돌에 대해 살펴보자.

미국의 세계전략은 NATO와 EU의 확장으로 러시아와 중국을 봉쇄하는 것이다. 미국의 전략은 약속의 위반이기도 하고 러시아의 사활적 이익과 상충한다.

러시아의 우크라이나 침공에 대한 미국 시카고대학교 미어샤이머 교수의 분석에 주목할 필요가 있다. 미어샤이머 교수는 러시아의 경고를 무시하고 미국이 NATO의 확장을 시도했기 때문이라고 주장한다.

이런 주장에 대해 미국 사회가 발칵 뒤집혔다. 하지만 모든 비난과 위험을 감수하고 전쟁을 감행한 러시아의 의도와 푸틴의 계획은 다른 전문가들의 해석으로는 충분히 이해되지 않는다. 미어샤이머 교수는 미국이 NATO를 확장해서 전쟁이 촉발되었다고 해석하고 있다.

우크라이나 정부의 친서방화 정책 추진은 러시아를 더 불안하게 만드는 요소이다. 2013년 야누코비치 대통령의 친러시아 정책에 반대하며 일어난 시민혁명으로 우크라이나는 친서방 정권으로 교체되었다.

유로마이단
(https://en.wikipedia.org/wiki/Euromaidan)

'유로마이단'으로 불리는 시민혁명 후에 집권한 포로센코 대통령은 NATO와 협력하여 군사력 강화에 집중하였다. 돈바스 지역의 내전이 포로센코 정부의 이러한 결정에 영향을 주었다. 2019년에 집권한 젤렌스키 대통령은 지속해서 NATO 가입을 다시 시도하겠다고 천명했다.

이러한 요소들이 러시아의 사활적 이익과 충돌하면서 임계점에 도달했다. 이러한 현상을 되돌리기 위해서 러시아는 전쟁을 선택했다고 볼 수 있다. 따라서 푸틴이라는 지도자의 광기에 의해서 전쟁이 시작되었다기보다는 러시아라는 국가가 자국의 생존을 위한 전략의 목적으로 무력을 사용했다고 해석할 수 있다.

북한이 중국에게 순망치한의 국가라면, 우크라이나는 러시아에게 순망치한의 국가가 아닐까? 이를 위해, 모든 위험을 감수하고 전쟁을 감행했다고 볼 수 있다. 러시아도 완충지대(buffer zone) 확보가 자국의 사활적 이익이기 때문이다.

NATO-우크라이나 연합훈련
(2016, 미3사단과 우크라이나군)
(https://en.wikipedia.org/wiki/Ukraine%E2%80%93NATO_relations)

사활적 이익을 확보하여 러시아의 생존을 보장하기 위해 전쟁을 시작한 것이다. 다음 세대를 위한 안보보험에 가입하려는 목적이다.

3장

대한민국 안보보험의 과거

안보보험을 우리의 역사에 투영하여, 국가의 생존전략이 어떻게 보장되었는지를 살펴보자. 안보보험 가입과 연계한 역사적인 사례는 다음의 세 가지 기준을 적용하여 한정하였다. 첫째, 조선, 근대, 최근 500년 이내의 비교적 가까운 시기에 한정하였다. 둘째, 안보보험의 가입 여부와 이에 따른 국가 생존의 확보가 명확하게 구분되는 사례를 우선 찾아보았다. 셋째, 지면을 고려하여 여섯 개의 사례로 그 범위를 국한하였다.

세 가지의 기준을 갖고 선정한 사례 중에서 안보보험을 성공적으로 가입하지 않아서 국가의 생존이 상실된 사례로 임진왜란, 병자호란, 일제강점기, 6·25전쟁을 살펴보고자 한다.

이어서 앞의 사례들과는 반대로 안보보험에 가입하여 국가의 생존이 확보된 사례로 임진왜란 당시 조선 수군과 1970년대 우리나라의 국가 생존전략을 살펴보고자 한다.

안보보험 미가입 사례

임진왜란

임진왜란은 1592년에 일본(당시 왜나라)을 통일한 도요토미 히데요시가 명나라 정벌을 위한 길을 확보한다는 명분으로 조선을 침공하여 1598년까지 진행된 전쟁이다.

임진왜란은 조선과 왜의 전쟁이면서 조선에 원군을 파병한 명나라에도 영향을 미친 16세기판 동아시아의 국제전이다. 동시에 조선과 왜, 명나라의 정권이 바뀌는 역사적 전환점이 되는 전쟁이었다.

조선에서는 광해군의 즉위로 북인 정권이 집권하게 되었다. 곧바로 인조반정으로 서인이 정권을 잡아 조선의 전기와 후기를 구분하는 중대한 분수령이 되었다. 중국에는 명나라에서 청나라로의 교체에 결정적인 영향을 주었다. 일본 열도에서는 도요토미 정권이 막대한 국력 소모로 붕괴하여 에도 막부의 수립으로 이어진다.

전쟁이 시작될 당시 조선은 선조 임금이 유교 사상에 바탕을 둔 국가

통치체제로 사대부와 함께 나라를 다스리고 있던 시절이다. 상대적으로 왕권이 약화되어 사대부의 영향이 나라의 통치에 크게 영향을 주는 시기였다. 국가 생존의 관점에서 보면, 왜의 조선 침략에 대한 전조는 충분히 사전에 경고가 되었다. 조선 조정은 당시 왜나라가 전쟁을 준비 중이라는 사실을 알고 있었다.

하지만 조정에서는 사대부의 세력 다툼의 영향으로 왜의 전쟁에 무력을 대비하는 대신 화평으로 대응하는 정책을 결정하였다. 임금인 선조는 집권 사대부인 동인 세력의 건의를 받아들이는 상황이었다.

때문에 왜군은 전쟁의 대비가 충분하지 않았던 조선을 쉽게 점령할 수 있었다. 조선 백성의 인명과 재산의 피해는 컸지만, 어찌 보면 예견된 모습이었다.

나라의 전쟁을 지휘해야 하는 임금은 수도인 한양을 떠나 북으로 피신했다. 조선 군대는 제대로 싸움다운 싸움을 하지 못했다. 조선 군대의 대응이 부실하여 결국은 방방곡곡에서 백성에 의한 의병 활동으로 왜군의 진격과 전쟁의 수행에 대응하였다.

『징비록』은 임진왜란의 모습과 교훈을 가장 진솔하게 기록한 문헌의 하나이다. 전쟁이 시작되기 전에 전쟁에 대비하는 책으로 나왔으면 얼마나 좋았을까? 전쟁이 끝나고라도 책으로 기록하여 지금까지 우리에게 교훈을 주고 있으니 참으로 고귀한 서적이다.

『징비록』에서 특별히 군량미 부족과 백성의 식량 부족을 기록한 부분이 특별히 아픔을 주는 대목이다. 국가의 생존을 위한 안보보험에 가입하지 않는 조선이 맞이한 임진왜란이라는 전쟁의 대표적인 모습이다. 1,400만 명이 삶의 터전을 떠나서 고통을 받고 살아가고 있는 2023년 지금의 우크라이나와 어쩌면 비슷한 모습이다.

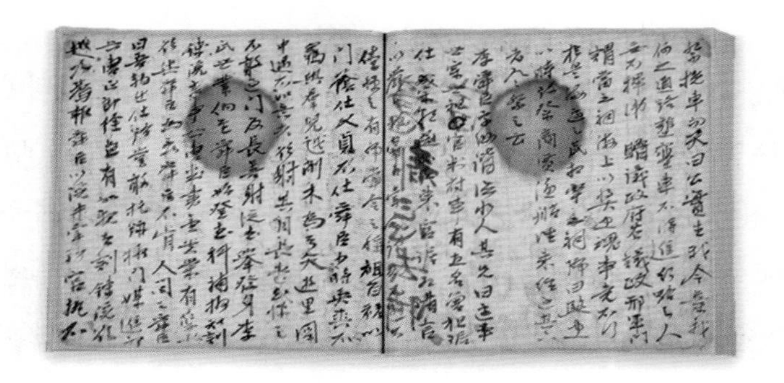

『징비록』 원본
(문화재청)

서해문집에서 발간한 『징비록』을 보면, 군량미 조달 때문에 조선 조정의 서열 2위인 영의정 유성룡이 명나라 장수 이여송에게 모욕당하는 장면이 이렇게 표현되어 있다. 당시 조선의 영의정은 지금과 비교하면 국무총리에 해당하는 직책이다.

"하루는 명나라 장수들이 군량이 바닥났다는 핑계로 제독에게 돌아갈 것을 주장했다. 그러자 제독이 화를 내며 호조판서 이성중, 경기좌감사 이정형을 불러들였다. 뜰아래 우리를 꿇어 앉히고는 큰소리로 문책했다. 나는 우선 사죄하면서 제독을 진정시켰다. 그러나 나라의 모습이 어쩌다 이 지경에 이르렀는가 하는 생각이 들자 눈물이 저절로 흘러내렸다. 내 모습을 본 제독이 민망했는지 자기 휘하 장수에게 화살을 돌렸다."

백성들이 식량의 부족으로 고통을 받는 처참한 모습도 기록되어 있다. 존엄성을 갖고 살아가야 하는 사람의 삶을 찾아보기 힘든 모습이다. 『징비록』의 내용을 보면, "언젠가 큰비가 내린 날이었다. 굶주린 백성들이 밤중에 내 숙소 곁에서 모여 신음 소리를 내는데 차마 들을 수가 없었다. 다음 날 주위를 살펴보자 굶어 죽은 사람의 시체가 즐비했다."라고 기록되어 있다. 그래도 이런 기록이 남겨져서 후대에 읽어볼 수 있어서 다행이다.

임진왜란 이전에 조선의 soft power는 어떠했는가??

우선, 전쟁을 수행할 수 있는 국가의 전쟁 지휘체계와 지도력이 충분히 준비되어 있지 않았다. 문을 중시하고 무를 경시하는 국가의 분위기는 나라 전체적인 차원에서의 외부의 침입에 대응하고 무력을 통제하는 역량이 약화되는 결과를 가져왔다. 왕인 선조의 전쟁을 이끄는 리더십도 충분하지 않았다. 당시의 신하들은 국익보다는 자신들이 속한 사림세력의 이익을 앞세웠다. 임진왜란 기간에 선조는 그런 신하들의 판단과 건의에 많이 의지하였다.

조선의 국제정세 판단과 대응도 충분하지 않았다. 당시 조선과 이웃

하고 있는 왜와 명나라, 청나라의 상황에 대한 정확한 인식과 평가가 잘되지 않았다. 왜는 외국의 문물을 도입하여 새로운 싸우는 병법과 무기를 준비했다. 명나라는 내부의 약점으로 쇠퇴의 길을 걷고 있었다. 청나라는 세력을 확장하여 명나라가 중심이 되었던 기존의 질서를 바꾸고 있었다. 이러한 외부 상황에 관한 판단이 충분하지 못했다.

또한 군대의 조직과 편성은 전쟁을 수행하기에 턱없이 낮은 수준이었다. 조선을 침략하려는 왜의 군사 활동에 대한 정보가 충분하지 않았다. 내부적으로는 전쟁에 대비하는 군역제도가 부실하고 부패하였다. 당연히 전쟁에 대비한 군사전략이나 싸우는 계획이 잘 준비되어 있지 않았다.

그렇다면 임진왜란 이전 조선의 hard power는 어떠했는가?

당시 조선은 무력으로 싸워야 하는 상대와 대등하거나 우월한 무기체계를 충분히 갖추지 않았다. 왜군은 조총과 같은 신무기를 도입하여 새로운 형태의 전투를 할 수 있도록 준비하였다. 반면 조선은 활, 창, 칼과 같은 기존의 무기체계를 보유했다. 하지만 보유하고 있던 기존의 무기도 관리 부실로 기능 발휘가 제한되거나 전쟁에 필요한 충분한 수량도 확보하고 있지 않았다.

군대의 훈련도 충분하지 않았다. 병장기도 제대로 갖추지 않았고, 균역법이 부패했으니 싸움에 필요한 훈련의 부족은 당연한 모습이다. 왜군은 국가를 무력으로 통일하는 과정에서 풍부한 실전경험을 축적했다. 무사 집단을 중심으로 수많은 전투를 수행하여 일사불란한 지휘체계를 유지하고 있었다.

국가의 총력전 수행 역량인 전쟁 지원체계도 아쉬움이 있었다. 조선 시대의 전쟁도 수많은 물자와 식량의 지원이 있어야 승리할 수 있었다. 왜에게는 조선의 무력 침공이라는 명확한 목표가 있었다. 군량미, 함선, 수송체계 등 전쟁 수행에 필요한 물자를 대대적으로 준비하였다. 전쟁에 필요한 물자의 비축에서도 조선은 왜와 대비가 되었다. 군량미, 함선, 수송 수단을 포함해서 전쟁을 지원하기 위한 준비가 제대로 되어 있지 않았다.

임진왜란에서 조선이라는 국가의 생존은 확보되지 않았다. 조선이 안보보험에 가입하지 않았기 때문이다. soft power와 hard power라는 안보보험의 특약 조건을 제대로 충족되지 못했다. 그로 인한 고통은 오로지 백성의 몫이었다.

병자호란

병자호란은 조선이 1636년 12월에서 1637년 1월까지 청나라와 싸운 전쟁이다. 후금이 만주 지역에서 청나라를 세운 후 명나라를 섬기고 있는 조선을 굴복시키고자 이 전쟁을 시작하였다.

조선은 당시 내부적으로 명나라를 섬기고 청나라를 배격해야 한다는 세력(척화론자)과 청나라와 화친해야 한다는 세력(주화론자)으로 나누어져 대립하였다.

1623년에 발생한 인조반정 이후 조선은 명나라를 섬기고 당시 만주 지역을 장악했던 금나라를 배척하는 정책을 세웠다. 후금은 명나라를 공격하면서 배후의 안정을 위해 친명정책을 유지하는 조선을 굴복시키고자 했다. 척화론이 강했던 조선은 후금의 군신 관계 요구를 계속 무시하였다.

그러자 1636년에 청나라를 세운 후금의 홍타이지가 10만 명의 군대를 이끌고 조선을 침공하였다. 조선은 왕실을 강화도로 피난시켰다. 인조는 강화도 피난길이 막히면서 남한산성으로 들어가서 항전하였다.

혹독한 추위와 함께 남한산성에는 13,000명에 불과한 군사와 50일도 버티기 힘든 식량밖에 없었다. 조정에서는 청나라와 화평을 하자는 세력과 싸움을 지속하자는 세력 사이에 논쟁이 계속되었다. 강화론이 우세해지면서 인조는 청나라에 항복하였다.

신하들이 화평과 척화를 다툰 영화 '남한산성'
(https://ko.wikipedia.org/wiki/남한산성_(영화))

항복의 조건으로, 인조는 삼전도에서 청나라 왕에게 삼배구고두(三拜九叩頭, 세 번 절하고 그때마다 세 번씩, 모두 아홉 번 머리를 땅에 조아려 절하는 예절)라는 굴욕을 당한 후 한양으로 돌아왔다. 왕자와 세자가 청나라에 인질로 보내졌다.

수많은 부녀자가 청나라로 끌려갔다. 청나라는 납치한 양민을 전리품으로 보고, 돈을 받고 조선으로 돌려보냈다. 조선에서는 청나라에 끌려갔다 돌아온 처자들을 '환향녀'라고 부르며 배척했다. 그들의 고통을 더하는 처사였다. 전쟁 기간에 수많은 고아가 발생하였고, 무고한 백성들이 굶어 죽고 얼어 죽었다.

청나라가 세운 승전비인 삼전도비 (https://ko.wikipedia.org/wiki/서울_삼전도비)

병자호란은 임진왜란 후 38년이 지난 시점에 일어났다. 조선은 임진왜란을 교훈으로 삼아서 나라의 soft power와 hard power를 얼마나 강화했을까?

『징비록』에 기록된 교훈들이 임진왜란 이후 조선의 국가경영에 얼마나 투영되었는지 살펴볼 필요가 있다. 아쉽게도 병자호란 이전의 조선 상황은 임진왜란 때와 크게 다르지 않았다.

국가의 전쟁 지휘체계와 왕의 전쟁 지도력도 여전히 아쉬움이 있었다. 조정에서는 사림세력의 대립이 계속되었다. 파벌의 세력 다툼이 인조반정에 의해 왕의 옹립에까지 영향을 주었다. 이런 상황에서 조선이 전쟁을 지휘하고 지도할 역량을 갖추기를 기대하기는 어려운 상황이었다.

조선 조정의 국제정세를 판단하는 역량도 여전히 충분하지 못했다. 이미 후금이 명나라를 공격하고, 청나라를 세우는 상황에서 조정의 대신들은 "어찌 감히 명나라를 등질 수 있나?"며 명분 싸움을 계속하였다. 이들은 전쟁터인 남한산성에서도 명분 싸움을 했다. 그런 신하들이 왕을 받들어 이끌어 가는 조선이 올바른 국제정세를 판단하기를 기대하는 자체도 무리였다.

전쟁을 수행하기 위해 군대를 동원하고 조직화하는 역량도 여전히 충분하지 못했다. 청나라 군대는 조선의 국경을 통과하여 6일 만에 한양의 외곽에 도착하였다. 1636년 12월 9일 압록강을 통과하여 14일에 한양 외곽에 나타났다. 한양의 외곽에 도착한 청나라 군대는 이틀 후에 남한산성을 포위하였다. 조선이 이러한 청나라 군대의 기동 속도를 맞출 수 있을까? 결국 남한산성 안에 있던 13,000명으로 10만 명이 넘는 청나라 군대를 막아야 했다.

물리적인 군사력도 충분히 갖추지 못했다. 조선 군대의 무기체계도 임진왜란 이후 크게 개선되지는 않았다. 훈련 수준도 많이 향상되지 않았다. 총력전을 수행할 수 있는 능력도 충분히 갖추지 못했다. 남한산성에서 싸우는 군대는 군량미가 없어서 전투에 긴요한 말을 잡아먹는 지경이었다. 청나라 군대와의 전투보다 혹독한 추위가 더 무서웠다. 그런 상태인데도 척화파는 청나라와 끝까지 싸워야 한다고 주장하여 임금인 인조의 판단을 흐리게 하였다.

병자호란에서도 조선이라는 국가의 생존은 확보되지 않았다. 조선이 안보보험에 가입하지 않았기 때문이다. soft power와 hard power라는 안보보험의 특약 조건을 충족하지 못했다. 그로 인해 조선 백성의 희생과 고통은 계속되었다.

일본 식민 지배

일제의 식민 지배는 일본 제국이 무효성 강제 늑약으로 대한제국의 국권을 강탈한 1910년 8월 29일부터 1945년 8월 15일까지 한반도가 일본 제국의 식민지로서 존속했던 기간을 말한다. 전체 기간은 34년 11개월이다.

일제는 메이지 유신으로 서구의 문물을 우리보다 상대적으로 일찍 받아들여 부국과 강병을 갖춘 다음에 대한민국을 지배하였다. 35년 동안 지속한 일본의 대한제국에 대한 강점은 궁극적으로는 우리나라가 분단되는 결과를 가져왔다. 일제의 패전을 처리하는 과정에서 대한제국의 영토가 소련과 미국에 의해 분할 점령되었기 때문이었다.

일본이 우리나라를 식민지배한 기간에 대한 표준국어대사전의 공식 명칭은 '일제강점기'이다. 일제의 강점은 강제 동화정책이나 자치권을 부여하여 통치하는, 당시의 다른 제국주의 국가들의 식민 통치 형태와는 달랐다. 그래서 일본 제국의 대한제국 통치는 유례가 없는 고통을 주는 수준이었다.

한국인에 대한 차별, 사회와 제도의 불이익, 황국 신민화 정책을 위한 민족 문화의 말살과 왜곡, 일제의 전쟁 수행을 위한 강제 동원, 쌀을 포함한 병참기지로서의 착취, 민간인 학살, 일본군 위안부 강제 동원 등의 만행을 저질렀다. 한국인의 마음에 앙금이 남아 있는 이유이다.

일본은 최근까지도 일부 비상식적인 행위로 한국인의 앙금을 흔들

곤 한다. 일제 강점기에 잔혹한 강제노역의 현장이었던 군함도를 유네스코 세계유산에 등재한 일이 대표적이다.

군함도는 일본 나가사키현 나가사키항에서 남서쪽으로 약 18km 떨어진 곳에 있는 섬이다. 일제 강점기에 조선인 수만 명이 강제로 동원된 탄광이다. 이 탄광이 2015년에 세계문화유산으로 등재되었다.

영화 '군함도'
(https://ko.wikipedia.org/wiki/군함도_(영화))

일본 정부는 군함도의 시설이 1800년대 말에서 1900년대 초에 근대 자본주의의 기반을 구축하는 과정에서 비서양권 최초의 산업 유산을 보여 주는 곳이어서 세계유산이 될 가치가 있다고 했다.

당시 일본은 유네스코 세계유산 등재를 앞두고 군함도와 관련된 역사를 왜곡하고 산업혁명의 상징성만을 홍보해 우리 국민의 거센 공분을 샀다. 이에 유네스코의 자문기관이 시설의 전체 역사를 알 수 있도록 하라고 일본에 권고했지만, 일본 측은 권고를 제대로 이행하지 않아 논란은 계속되고 있다.

일제 강점기에 일장기를 달고 베를린 마라톤 대회에서 우승한 후, 시상식 사진에 대한 일화는 국권 상실의 또 다른 슬픈 모습이다. 당시 3위를 차지한 남승룡은 손기정이 월계수로 일장기를 가릴 수 있다는 게

그가 금메달을 딴 것보다 더 부러웠다고 회고했었다. 손기정 선수는 베를린 현지에서 기자들에게 "나는 일본인이 아닌 한국인이오. 한국에서 왔소"라고 말했다.

베를린 올림픽 시상식(1936.8.9.)
(『육군』지 396호(2018.11.))

일제가 강점하기 이전에 대한제국의 soft power는 어떠했는가?

일제의 강점이 시작되기 이전에 조선과 대한제국은 스스로 힘을 갖출 여력이 충분하지 않았다. 그래서 청나라, 러시아, 일본에 의존했다. 청나라의 후원으로 갑오경장이 있었고, 일본의 후원으로 갑신정변이 있었으며, 러시아의 후원으로 아관파천이 있었다.

일제에 의해 강점될 때까지 조선은 전쟁의 수행에 필요한 국가의 전쟁 지휘체계와 지도력을 충분하게 갖추지 못했다. 1894년 청일전쟁에서 승리한 일본이 대한민국에 대한 실질적 지배의 기반을 굳히고 있었기 때문이다. 고종이 강한 군사력을 갖추고자 노력했으나, 그러한 고종의 꿈과 희망은 사실상 실현되지 못했다.

1873년 이전의 조선은 대원군이 강력한 통상수교거부정책을 유지하면서 내부적인 개혁을 시도한 시기이다. 그래서 1863년에 왕이 된 고종의 실질적인 개혁은 1873년 대원군이 권좌에서 물러난 이후에 시작되었다. 이 시기에 미국, 영국, 프랑스, 러시아, 청나라, 일본이 조선의 국가 운영에 직·간접적으로 영향을 주었다. 그 영향으로 내부적으로는 개혁을 주창하는 세력과 이를 반대하는 세력이 서로 충돌하였다.

시대적인 상황이 어려웠으나 고종은 제한된 범위 안에서나마 개방과 개혁을 시도하였다. 1881년에는 일본에 시찰단을 파견하여 새로운 문물을 배워 오도록 했다. 군사제도를 개혁하고 신식 훈련을 받은 별기군도 창설했다. 미국, 영국과 수호조약을 체결하여 서방국가와 외교도 시작했다.

청일전쟁 때 일본군이 경복궁을 점령하고 황후를 시해하는 사건을 겪은 고종은 군사력 증강에 관심을 많이 가졌다. 러시아에 군사고문을 요청하여 황실 경호를 담당하는 '시위대'라는 부대도 창설하였다. 1898년에는 육군무관학교를 창설하여 장교의 양성을 시작했다. 해군의 양성을 위해 1892년에는 영국에 교관 파견을 요청하기도 했다.

하지만, 일본을 포함한 주변 국가들의 압박 때문에 군사력의 증강은 실질적인 결실을 볼 수 없었다. 일본이 고종을 강제로 퇴위하여 즉위한 순종의 상황은 더 어려웠다. 일본의 통제와 간섭으로 왕권을 제대로 행사하지 못했기 때문이다.

일제 점령 이전의 조선과 대한제국의 개화를 위한 노력은 결실을 볼 수 없었다. 1800년대 후반에 근대화에 성공한 나라들이 무역할 나라와 자원을 탈취할 식민지를 찾아 나서고 있는 당시의 국제정세에 대해 살피고 기민하게 반응했어야 했다. 1876년에 대원군이 물러날 때까지 외부의 문물을 받아들이지 않고 내부적인 개혁만을 시도했다. 국가의 주권이 확보되지 않은 상황에서 개화하자는 세력과 이를 반대하는 세력의 피를 흘리는 격렬한 싸움만 계속되었다.

1873년 대원군이 권좌에서 물러난 이후에 시작된 개혁은 1882년 임오군란으로 방해받고, 1884년의 갑신정변으로 이어졌다. 1894년 동학농민운동으로 유발된 청일전쟁에서 일본이 승리하면서 일제의 대한민국에 대한 지배 기반이 강화되기 시작했다. 1896년 아관파천으로 러시아가 조선에 더 큰 영향을 주었지만, 이어지는 1904년의 러일전쟁에서 일본이 승리하면서 한반도에 대한 지배권은 완전히 일제에 넘어갔다. 1910년에 대한제국이 국권을 상실했지만, 실질적인 일제의 지배는 1904년에 완성되었다고 볼 수 있다.

일제가 점령하기 이전은 근대 열강이 앞다투어 국력을 키우고, 식민지를 넓혀 가는 시기였다. 이 시기에 조선과 대한제국은 세력이 양분되어 내부의 갈등에 힘을 쏟고 있었으니, 국가의 생존에 필요한 힘은 모이지 못했다.

때문에 조선과 대한제국은 국가를 지키는 데 충분한 군대를 갖추지 못했다. 조선은 1896년의 아관파천 1년 후인 1897년에 국호를 대한제국으로 바꿨지만, 고종이 황제의 위치에 있었기 때문에 나라의 경영에는 큰 변화가 없었다.

조선과 대한제국은 우선 군대 건설에 필요한 경제력이 부족했다. 고종은 빈약한 국가의 재정 상황에도 불구하고 국가 총지출의 25~40%를 군대의 건설에 투입했다. 기록에 따르면, 당시 대한제국의 국방 예산은 190만 엔 정도였다.

또한 군대를 양성하는 과정에서 조선과 대한제국의 독립성이 부족했다. 대한제국의 군대는 1894년 갑오개혁 때 편제가 개편되었다가 1897년 대한제국 건국과 함께 창설되었다. 하지만, 나라가 이미 왕의 의지대로 통치할 수 없는 상황에 놓여 있었다. 급기야 1907년에는 일제에 의해 강제로 군대가 해산되었다. 대한제국의 군대 규모는 최고 많을 때가 2만 8천여 명 수준이었다.

일제가 강점하기 이전에 대한제국의 hard power는 어떠했는가?

대한제국 군대는 근대적인 형태로 통수 기구와 예하 부대가 편성되었다. 대한제국 군대의 통수 기구는 1899년 6월에 설치되었다. 최고 통수 기구인 원수부와 참모 본부인 참모부가 개설되었으며, 황제가 대한제국 군대의 총사령관이자 대원수였다.

대한제국의 군은 모병제를 시행하였다. 징병제를 고려했으나 국가의 행정제도가 뒷받침되지 못했다. 징병에 의한 상당한 규모의 군대를 유지하는 데 필요한 나라의 경제 사정도 감당할 수 없는 상황이었다. 일본을 포함한 주변 열강도 대한제국의 징병제 시행을 방해하였다. 모병제를 시행한 대한제국 군대의 규모는 3만 명이 안 되었다. 14세기 조선이 전쟁에 수십만 명을 동원했음을 고려할 때 참으로 작은 규모이다. 군대는 중앙군과 지방군으로 구성되었다. 1902년 당시 대한제국의 군대는 2만 8천여 명이었다.

그러나 이마저도 1904년에 러일전쟁을 일으키면서 서울을 점령한 일본에 의해 대한제국의 군대는 감축되고 해산되었다. 일본은 1905년 4월에 대한제국의 군을 1차로 감축시켰다. 1907년 2차 군축 때는 그 규모가 8천여 명으로 줄었으며, 1907년에는 마침내 대한제국의 군대가 해산되었다.

대한제국은 군에서 사용하는 소형 화기부터 중화기까지 모두 외국에서 수입했다. 소총, 기관총, 야포 등 다양한 화기를 보유했으나, 규모는 미미했다. 기록에 따르면, 동학군과의 전투에서 미국제 개틀링(Gatling) 기관포, 영국제 암스트롱(Amstrong) 대포, 독일제 크룹(Krupp) 대포가 투입되었다. 이런 식으로 대한제국 군대는 현대식 무기체계를 갖추었으나 그 규모가 너무 작아서 일본을 포함한 주변국에 비해 많이 부족하였다.

개틀링 기관총
(https://ko.wikipedia.org/wiki/개틀링_건)

잡다한 무기체계의 구성도 문제였다. 미국, 영국, 프랑스, 독일, 러시아, 일본 등 여러 나라에서 무기를 수입하였기 때문에 무기체계의 유지와 운영에 어려움이 있었다.

해군은 일본의 강매로 중고 선박을 2척 구매하여 보유했었다. 1903년에 우리나라 첫 근대식 군함인 양무호를 구매하였다. 양무호는 8mm 포 4문과 5cm 포 2문을 장착하여 화력도 빈약했다.

신식 군대를 편성한 대한제국은 근대적인 훈련도 시행하고 실전 경험도 축적했다. 하지만, 군대의 규모가 충분하지 않아서 국가의 생존에 충분한 전투력을 갖추지 못했다. 러시아에서 온 군사고문과 영국에서 교관 2명이 대한제국 군대의 편성과 훈련에 도움을 주었다. 군사 교범과 전술학 교범을 발간하여 훈련에 사용하였다. 하지만 여러 나라에서 수입한 무기체계는 종류가 많고 수량이 적어서 숙달 훈련에 어려움을 겪었다.

대한제국의 군대는 주로 의병과 화적의 진압에 투입되었다. 1899년에 발생한 청나라의 의화단 운동으로 평안도와 함경도에 들어와 약탈 행위를 하는 청나라의 비적과도 전투했다.

국가의 총력전 수행 역량인 전쟁 지원체계도 충분하지 못했다. 1899년 11월부터 청나라에서 발생한 의화단 운동으로 인해 의화단과 청나라 군대 비적이 평안도와 함경도를 침략하자 군사력 강화의 필요성을 느끼고 국방비를 증액했으나 턱없이 부족했다.

일제가 나라를 빼앗을 때 대한제국이라는 국가의 생존은 확보되지 않았다. 조선 말기와 대한제국이 안보보험에 가입하지 않았기 때문이다. soft power와 hard power라는 안보보험의 특약 조건을 충족하지 못했다. 일제의 강점으로 35년이라는 긴 세월 동안 나라를 잃었다. 후에 일제강점기는 민족의 분단으로까지 연결되었다.

6·25전쟁

6·25전쟁은 1950년 6월 25일 새벽에 북한의 군부 및 정치 세력이 대한민국을 불법 기습 침략한 전쟁이다. 1953년 7월 27일 휴전협정이 체결될 때까지 3년 동안의 전쟁으로 160만 명 이상의 사상자가 발생했다. 한반도는 다시 남과 북으로 분단되었다. 이때 산업시설 대부분이 파괴되어 대한민국을 세계 최빈국으로 만들어 버렸다.

대한민국의 힘만으로 북한군의 침략을 막을 수 없었다. 유엔을 통한 국제사회의 도움으로 전쟁 이전의 국토를 회복하고 휴전에 이를 수 있었다. 국제사회의 6·25전쟁에 대한 도움은 미국이 유엔의 권한을 위임받아서 이끌었다. 그러나 중공군의 개입으로 국경선까지 진격했던 국군과 유엔군은 통일의 꿈을 접어야 했다.

북한군이 남침한 전쟁 초기의 전투에서 한국군은 대등하게 싸울 상대가 되지 않았다. 싸울 수 있는 무기가 충분하지 않았다. 싸울 수 있는 사람도 충분하지 않았다. 국가 차원의 전쟁을 수행할 수 있는 지휘체계나 전략도 잘 갖추어지지 않았다.

전쟁을 시작한 지 3일 만에 수도인 서울이 함락되었다. 정부는 대전을 거쳐 대구, 부산으로 옮겨 갔다. 북한군의 한강 이남으로의 이동을 막기 위해서 한강 다리를 폭파했다. 다리에 있던 많은 사람이 순식간에 목숨을 잃었다. 기록에 따르면, 다리가 폭파될 당시 희생자는 대략 800여 명으로 추정된다.

북한군의 남진을 저지하기 위해 국군이 파괴한 한강 인도교
(『국방일보』(2009.7.20.))

군은 낙동강까지 후퇴하여 최후방어선을 형성하였다. 10월 1일에는 유엔군의 참전과 인천상륙작전의 성공으로 전쟁 이전의 남과 북의 경계였던 38선을 돌파했다. 국군과 유엔군은 압록강과 두만강까지 진격했다.

1950년 말 중공군의 개입으로 38선 인근에서 전선이 고착되었다. 전쟁 당사자들이 휴전협정에 합의하면서 남과 북 사이에는 비무장지대가 설치되었다. 비무장지대를 중심으로 유엔군에게 관할권이 부여되고, 국군의 작전통제권도 계속 유엔군사령부에서 행사하였다. 물론, 한미연합군사령부가 창설되면서 국군의 전시 작전통제권은 한미연합군사령관이 행사하고 있다.

6·25전쟁은 한반도의 분단을 고착시켰다. 남한에서만 162만 명의 사상자를 냈다. 농업과 공업시설은 대부분 파괴되고 국토가 황폐해졌

다. 국민의 고난은 일제강점기에서 해방된 지 채 10년이 안 되어 다시 반복되었다.

6·25전쟁 이전에 대한민국의 soft power는 어떠했는가?

우선, 힘이 지배하는 국제사회의 현실과 북한의 공산혁명 실체에 대한 정보와 인식에 아쉬움이 있었다. 6·25전쟁 이전의 대한민국은 좌익과 우익으로 나뉘어 심한 사상 대립에 휩싸여 있었다. 남한이 해방 후에 좌우익의 대립이 심화하여 혼란스러울 때 북한은 실질적인 전쟁을 준비했다. 김일성이 소련을 방문하여 무기와 군사고문단의 지원을 확보했다. 중공에도 전쟁의 지원을 요청했다. 조선 의용군을 북한 인민군으로 편입했다.

피해 규모	
군인 149,005명 전사 710,783명 부상 19,400명 실종 8,800여명 포로 **민간인** 373,599명 사망 229,625명 부상 303,212명 행방불명 **총계** 522,604명 사망 940,408명 부상 435,468명 실종 총계 1,898,480명 사상	**군인** 294,000명 전사 226,000명 부상 120,000 명 실종 및 포로 **민간인** 406,000명 사망 1,594,000명 부상 680,000 명 행방불명 **총계** 700,000 명 사망 1,820,000 명 부상 260,000 명 실종 총계 3,320,000 명 사상
36,574명 전사[12] 103,284명 부상 3737명 실종 4439명 포로 총계 137,250명	183,000명 전사 383,500명 부상 25,600명 실종 및 포로 총계 592,000여명 사상 및 실종&포로
1078명 전사 2674명 부상 179명 실종 997명 포로 총계 4908명	282명 전사 500명 부상 총계 815명
그 외 [펼치기] **총계:** 1,500,000명 이상	**총계:** 1,190,000명 ~ 1,577,000명 이상.

6·25전쟁 피해 규모
(https://ko.wikipedia.org/wiki/6.25_전쟁)

유엔이 대한민국을 합법 정부로 인정하여 정부가 수립되는 과정에서도 남북한을 포괄하는 국가의 수립을 위해 정치지도자들이 북한을 방문하고 김일성을 만났다. 국방력을 키워서 국가의 생존역량을 높이는 데 집중하기가 어려운 상황이었다.

대한민국 수립 이전에 시행된 미국 군정은 독자적인 국가 생존 노력의 중요성에 대한 자각에 영향을 주었다. 미국 군정의 판단에 따라 국가 체계와 제도가 마련되었다. 안보와 국방 분야도 그랬다. 미국은 국방력 강화 대신 전쟁으로 황폐해진 경제에 집중하도록 했다. 해방 직후에 대한민국에는 40여 개 이상의 개별 군사 조직이 생겼다. 국가 소속이 아닌 개별 군사 조직은 극심한 좌익과 우익의 대립과 연계되어 서로 충돌했다. 미국 군정은 1946년에 모든 대한민국의 개별 군사 조직을 해체하고 국방경비대를 창설했다. 그런데, 미소 공동위원회에서 소련 측이 국방경비대 창설에 항의하자 국내 치안을 담당하는 수준으로 국군을 통제했다.

미국 군정이 1948년 8월에 끝났으니, 6·25전쟁이 시작된 1950년 6월까지 대한민국 정부가 군사 능력을 갖추는 데 가용한 시간이 불과 18개월이었다. 나라의 경제적인 능력도 충분하지 않았지만, 물리적인 시간도 국방력을 갖추기에는 충분하지 않았다.

또한 극심한 좌우 대립으로 국론이 분열되어 국가의 생존전략과 비전의 설정이 제한되었다. 좌익과 우익의 대립은 정치 영역뿐만 아니라 나라의 다른 요소에서도 발생했다. 군도 예외는 아니었다. 해방 후 6·25전쟁 이전 시기는 좌익과 우익의 충돌이 군 내부에서도 빈발하는 상황이었다.

분열된 나라의 상황은 군이 전쟁을 준비하는 데 전념할 수 있는 분위기가 아니었다. 백선엽 장군의 기고문을 보면, 북한군의 침공 대비 방어계획은 전쟁 발발 3개월 전에 작성되었다. 1950년 5월에 육군본부

작전국장 강문봉 대령이 북한군과 비교해서 열세한 상태인 국군의 병력과 장비를 보완하기 위한 긴급 건의서를 작성하여 국회에 제출했다. 그러나 국회가 휴회되어 건의서는 처리되지 못했다.

국군은 주로 38선 인근에서 북한군의 국지적인 도발에 대응했다. 경찰과 함께 지리산에서의 공비 토벌에 투입되었다. 반면에 북한의 전쟁 준비는 주도면밀하게 진행되었다. 국군이 평양에 진격했을 때 입수한 북한의 문서를 보면, 북한은 대한민국 행정 소재지의 군 단위까지 1950년 농작물 예상 수확량이 세밀하게 기록되어 있었다. 백선엽 장군의 기고를 보면 쌀. 보리 등 모든 곡물의 예상 수확량이 적혀 있었는데, 이는 현지 보급 충당을 위한 준비로 보인다. 이렇게 주도면밀하게 전쟁을 준비한 북한이었다.

백선엽 장군의 기고문에 따르면, 6·25전쟁 이전에 북한의 도발 가능성을 국군은 알고 있었다. 1950년에 비상 상황도 여러 차례 발령되었으며, 6월에도 비상 상황이 여러 차례 있었다. 그런데 전쟁 하루 전인 6월 24일에 비상이 해제되었다. 그래서 많은 병사의 외출과 휴가가 허용되었다. 여기에 1950년 6월 초에는 군 고위 지휘관의 대규모 인사 발령이 있었다. 전선을 담당하는 사단장 대부분은 그래서 부임한 지 며칠 안 된 상황에서 전쟁을 지휘하였다.

그렇다면 6·25전쟁 이전에 대한민국의 hard power는 어떠했는가?

당시 대한민국은 북한군과 싸워 국가의 생존을 보장하는 데 충분한 군사 역량을 갖추지 못했다. 전쟁 직전의 대한민국 군대는 국방부를 중심으로 10만 명 정도의 규모였다. 앞서 언급했듯이 미국 군정 기간에 국방조직의 구성이 시작되었다. 정부 수립 직전까지 국군의 지위는 '경비대'라는 명칭이 말해 주듯이 국내 치안을 유지하는 수준에 머물렀지만, 정부가 수립되면서 정식 군대로 조직화하였다.

해방 직후인 1945년 11월 13일에 미국 군정청이 군사와 경찰 기능을 담당하는 국방사령부를 설치하였다. 우리나라 국방부의 전신이라고 할 수 있겠다. 국방사령부는 1946년 3월에 국방부로 승격되었다. 1946년 미소 공동위원회에서 소련의 반발로 국내경비부로 개칭되었다가 정부 수립 후에 국방부가 되었다.

미국 군정청의 통제로 1946년 1월 남조선국방경비대와 해안경비를 위한 해방병단이 창설되었다. 해방병단은 나중에 조선해안경비대로 개칭되었다. 1946년 5월에는 남조선국방경비사관학교를 세워 장교를 양성하였다.

국방경비대는 1946년 1월 15일에 6백 명으로 창설된 이후 확장을 지속하여 6·25전쟁 발발 직전에 육군은 총병력 9만 4,974명의 보병 8개 사단, 22개 연대 체제를 갖추게 되었다. 해군은 정부 수립에 따라 1948년 9월에 조선해안경비대에서 해군으로 발족했다. 당시에 33척의 함정과 6,956명(해병대 1,241명 포함)의 병력을 보유하고 있었다.

해병대는 해군에서 차출한 병력 4백여 명으로 1949년 4월에 창설되었다. 공군은 1949년 10월 1일에 1,600명의 병력과 20대의 L형 항공기를 가지고 육군에서 분리되어 창설되었다.

6·25전쟁 이전의 국군은 10만여 명으로 편성했으나 전투력을 발휘할 장비, 무기, 훈련 등이 충분히 갖추어지지 않았다.

6월 25일에 남침한 북한군은 국군이 전혀 보지 못했던 탱크, 사거리가 훨씬 긴 122mm 대포 등 무기와 장비로 국군을 압도하였다. 당시 육군은 병력 증가에 걸맞은 무기와 장비를 제대로 갖추지 못하였다. 1949년 6월 30일 주한미군이 철수하면서 인계한 무기와 장비만 보유했다. 전차가 한 대도 없었다. 그러니 맨주먹으로 북한군 전차에 대응해야 했다. 북한군과 싸워야 하는 육군의 무기체계는 소규모 부대가 근접전투를 수행하기도 버거운 수준이었다.

해군은 미군으로부터 소규모 함정을 인수한 후 이를 보수하여 사용하였다. 미국에서 구잠함(잠수함을 탐지하고 공격할 능력을 갖춘 군함, 배수량 500~800t 규모) 4척을 구매하였으나 3척은 아직 대한민국에 도착하지 않은 상황에서 전쟁을 맞이하게 되었다. 전쟁 발발 당시 해군은 36척의 함정을 보유하고 있었다.

공군이 보유한 비행기는 미군에서 인수한 무장 없는 경비행기 12대(L·4 8대, L·5 4대)와 1950년 3월에 캐나다에서 구매한 T-6 고급 연습기 10대 등 모두 22대였다. 전투기는 1대도 보유하지 못하였다.

6·25전쟁 당일 1사단을 지휘하여 파주 문산에서 전투했던 백선엽 장군은 당시 육군의 훈련 수준을 각개전투 훈련 정도밖에 되지 않았다고 평가했다. 그래서 보병과 포병, 기갑부대가 함께하는 훈련인 보·전·포협동훈련까지 완성한 북한군의 전투력에 비해 열세였다고

회고했다.

한국군은 전쟁 전에 38선에서 북한군과 여러 차례 국지전을 했었다. 지리산과 제주도에서 공비 토벌 작전도 수행했다. 기록에 따르면, 육군은 북한이 6·25전쟁 전까지 10여 차례에 걸쳐서 후방에 침투시킨 약 2,400명의 무장 공비를 소탕했다, 개성에서 두 차례의 전투, 배천전투 등 38선 전역에 걸쳐 도발하는 적과 전투하여 격퇴했었다.

다시 말하면 우리 군의 전투력은 소부대의 근접전투 수준을 갖추었다고 평가할 수 있다. 실제 6·25전쟁 춘천 지역의 방어를 담당했던 6사단이 3일 동안 북한군의 홍천 방향으로의 진격을 차단했었다. 하지만, 국지전과 공비 토벌 작전 수준의 근접전투 능력은 전면전에 대응하기에는 충분하지 않았다. 대부대의 운용은 물론 전장 전체에 대한 작전 수행 능력이 있어야 전쟁에서 승리할 수 있기 때문이다.

정부 수립 직후의 대한민국은 총력전을 수행할 수 있는 국가 역량을 충분히 갖추지 못했다. 대한민국 정부 수립 후 국가 예산의 50% 내외를 국방에 투입했으나, 절대적인 규모는 군의 총력전 수행 태세를 갖추는 데 절대적으로 부족했다.

1948년 9월 말로 미군 군정의 예산 결산이 끝났다. 대한민국 정부는 1948년 10월부터 독자적으로 국가 예산을 편성하였다. 당시의 기록을 보면, 정부 정책의 주안은 남북통일과 산업부흥이었다. 불안한 국내정세에 대비하기 위해 국군을 창설하고, 국토방위, 국가안녕의 유지 확보를 위한 준비, 광복 후 혼란을 수습하여 민생의 경제안정을 도모하고 산업을 점진적으로 재건하는 것을 당면 목표로 하였다. 그래서 1949년에 정부가 국방치안비로 편성한 예산은 243억 원으로 전체 지출의 46%였다.

6·25전쟁을 맞은 군의 탄약 상황은 당시의 열악한 총력전 수행 태세의 단면을 보여 준다. 38선에서 6월 25일 방어 전투를 했던 전방의 사단은 하루 만에 탄약이 소진되었다. 전쟁이 시작될 때 공군은 부평 육군병기창에서 시험 제작한 15kg 폭탄 274개와 서울시경에서 인수한 수류탄 5백여 개뿐이었다. T-6 건국기에 폭탄과 수류탄을 싣고 출격하여 관측사가 목측(目測, 눈으로 측정)하여 투하하는 방법으로 적의 전차와 수송 차량, 그리고 북한군의 지상군을 타격했다. 그러나 3일 만에 폭탄이 모두 소모되어 더는 출격하지 못하였다.

북한이 남한을 공격할 때 대한민국이라는 나라의 생존은 확보되지 않았다. 해방 이후에 나라가 안보보험에 가입하지 않았기 때문이다. soft power와 hard power라는 안보보험의 특약 조건을 충족하지 못했다. 수많은 사람이 목숨을 잃었고, 국가의 산업과 경제는 황폐해졌다. 세계에서 가장 가난한 나라로 전락했으며, 국가는 분단되었다. 아직도 전쟁이 끝나지 않고 휴전을 유지한 상태에서 비무장지대를 두고 무력으로 대치하고 있다.

안보보험 성공가입 사례

임진왜란 때 조선 수군

안보보험에 잘 가입하여 국가의 생존을 확보했던 우리의 역사 사례도 많다. 임진왜란 당시 이순신이 이끄는 조선 수군의 승리가 성공적인 안보보험 가입의 대표적인 사례라고 생각한다. 조선이라는 나라 차원의 안보보험이라기보다는 이순신 장군이 이끌었던 조선 수군이라는 영역에 국한해서 안보보험의 개념을 적용했을 때 그렇다.

이순신 장군의 조선 수군은 임진왜란 기간에 왜의 조선 침략전쟁의 판을 바꾸는 역할을 했다. 이순신 장군의 조선 수군은 싸움의 상대인 왜 수군과 비교가 어려울 정도로 열악한 상황에서 23전 23승을 했다.

첫 승리인 옥포해전(1592.5.7.), 거북선을 처음 사용한 사천포해전(1592.5.29.), 적선 70여 척을 대파한 한산도대첩(1592.7.8.), 왜 수군의 근거지인 부산을 공격해 100여 척을 격파한 부산포해전(1592.9.1.) 등이 대표적인 전투이다.

조선은 삼면이 바다이며, 왜와는 육지로 연결되어 있지 않다. 왜군은 바다를 통해서 조선에 들어와야 하고 바다를 통해서 왜로 나가야 하는 지리적 특징이 있다. 왜의 수군이 조선의 바다를 장악하지 못하면 조선을 상대로 성공적인 군사작전을 할 수가 없다.

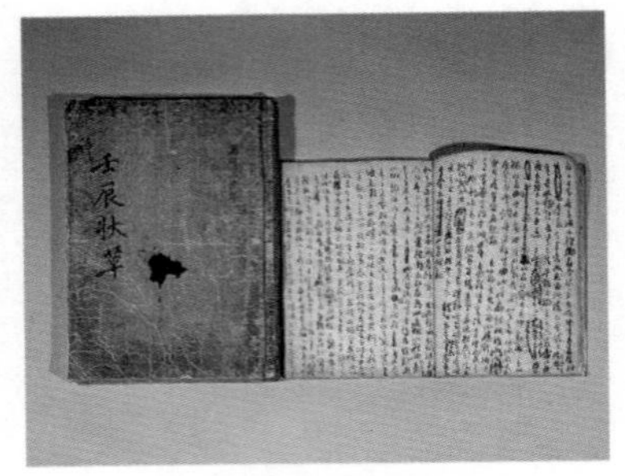

국보 제76호 『난중일기』
(https://ko.wikipedia.org/wiki/난중일기)

조선을 침략하기 위해서는 원정 작전을 수행해야 한다. 모든 장비, 물자, 사람을 왜에서 조선으로 옮겨야 한다. 왜군은 그래서 호남의 곡창지대를 점령하여 군량미를 조선에서 자체적으로 조달하려는 계획을 세웠다.

조선의 바다를 장악하기 위해서 왜 수군은 오랫동안 철저하게 전쟁을 준비했다. 전함을 건조하고, 싸움터인 조선에 대한 정보를 사전에 획득하였다. 조총을 도입하고, 수군을 훈련했다. 그런데 무기와 장비, 군수지원, 인력의 분야에서 왜의 수군과 비교가 되지 않을 정도의 열악한 수준인 조선 수군이 이러한 왜군의 계획과 준비를 틀어 놓았다.

이순신의 조선 수군은 그렇다면 어떻게 승리할 수 있었을까? 조선 수군의 싸움을 이끌었던 이순신이라는 군사 지도자의 역할이 결정적이었다고 생각한다.

군사지도자 이순신의 상황판단과 사전 준비가 승리를 가능하게 했다. 이순신은 임진왜란 1년 전에 전라좌도 수군절도사로 임명되었다. 임진왜란 직전에 대마도 앞바다에서 조선의 해안으로 수많은 나뭇조각이 떠내려왔다. 대규모로 배를 건조하는 과정에서 밀려오는 부산물이었을 것이다. 왜군이 조선 침략을 준비하는 실마리인 셈이다. 이순신은 전란을 예측하였다.

이순신은 전라도의 변방에서 1년 동안 묵묵하게 왜군의 침략에 대비했다. 바다를 건너와야 하는 왜군의 처지를 간파했다. 이러한 상황판단을 바탕으로 수군을 폐지하고 육지에서의 싸움에 집중하자고 상소를 올린 신립 장군의 의견에 반대하였다. 이순신은 왜군은 반드시 바다로 들어오게 되어 있으니 조선에는 수군과 육군이 모두 필요하다고 조정에 건의하였다.

전라좌수영의 전투 준비를 위해 군사를 더 모았다. 의병과 승병들도 조직적으로 전투력을 발휘할 수 있도록 좌수영의 예하 조직에 포함하여 운용하였다. 바닷가 주변 지역의 군량과 병기가 육지의 다른 곳으로 가지 않도록 통제하여 해안 지역의 방위력을 보강했다. 배를 건조하고, 군량을 비축했으며, 무기를 정비하고 늘렸다. 해안의 지형을 익히고, 해로를 살폈다.

이순신의 군사적 식견이 조선 수군의 승리를 견인하였다. 왜군의 강점과 약점을 파악하여 대비하였다. 적선에 올라타 선상에서 전투를 수행하는 왜 수군의 전법을 연구하여 원거리에서 화포로 공략하는 방안을 세웠다. 속도를 내기 위해서 조선의 판옥선보다 약하게 만든 왜군

함선의 약점을 파악하여 판옥선의 충격력을 효과적으로 이용하였다.

왜군과의 전투에서의 지형과 상황을 고려한 '조선 수군형 전법'을 구사하였다. 한산에서의 학익진이 대표적인 '조선 수군형 전법'이다. 울돌목을 이용한 전투, 견내량에서 넓은 공간으로 상대를 유인하여 격멸하는 전법이 '조선 수군형 전법'이다. 파수꾼과 정탐꾼을 사방으로 운용하여 왜적의 동정을 살펴서 전투의 주도권을 유지할 수 있었다.

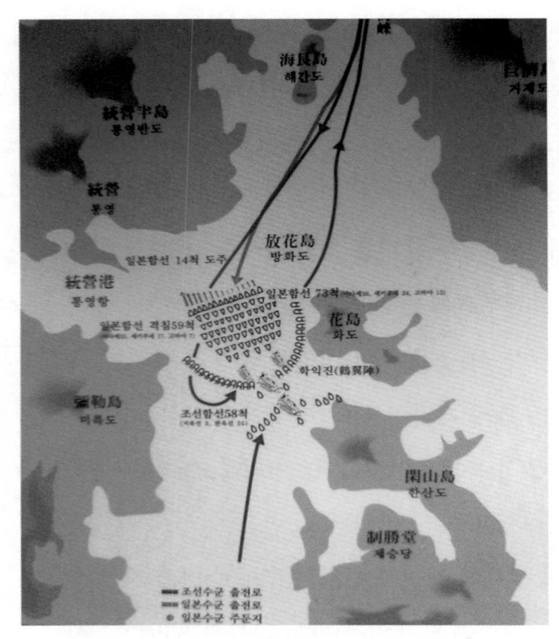

한산해전도
(통영 강구안의 거북선 내부에 있음)

이순신의 독특한 전법의 구사로 조선 수군은 왜군과 규모 면에서 상대가 되지 않는 상황을 극복할 수 있었다. 예를 들면, 부산포에 들어온 왜군 함선의 규모가 400여 척이 넘었다. 그런데 이순신이 1592년 5월 4일 부산포로 이끌고 간 함선은 판옥선 24척에 불과했었다.

군사지도자 이순신의 전장에서의 리더십이 사기충천하고 싸우면 이기는 수군을 만들었다. 전쟁을 준비할 때는 솔선의 리더십을 보여 주었다. 직접 바다의 지형을 살피는 데 열중했다. 명확한 공과 사의 구별로 지역민과 군졸들의 호응을 끌어냈다.

이순신은 전쟁에서 싸움의 현장을 떠나지 않았다. 이순신의 전사 후에 부하 장수들은 이순신에 대해 늘 열세한 전력으로 싸워야 하는 상황에서 본인의 강인함으로 군졸들의 두려움을 해결했다고 기록하고 있다.

그는 목숨을 걸고 조선의 운명이 수군의 승리에 달려 있다는 소신을 지켰다. 왜군이 다시 침략한 1597년 정유재란 때 조정은 조선 수군이 육군에 합류해야 한다고 명령했다. 수군이 12척의 배만을 가지고 있었기 때문이다. 삼도수군통제사로 재임명된 이순신은 바다를 버리면 조선을 버리게 된다며, 12척의 수군으로 300여 척이 넘는 왜군을 물리쳤다. 왜군의 해상 보급로를 차단하여 일본으로 물러가게 하였다.

'조선 수군형 전법'의 구현을 위한 비대칭 무기체계를 준비하여 승리했다. 뚜껑을 닫아서 밖에서 안이 보이지 않고, 철갑선의 시초가 된 거북선은 왜군에게 비대칭 무기였다. 판옥선은 해전에서 강한 충격력으로 적진을 돌파하였다. 화포를 준비하여, 적선에 올라타서 근접전투를 하는 왜군의 전술을 무력화했다. 투항해 온 왜병을 이용하여 조선 수군보다 앞선 왜군의 총과 탄을 모방한 무기체계를 만들게 하였다.

거북선(좌)과 판옥선(우)
(충무공이순신기념관)

밤낮없이 군졸을 훈련시켜서 연전연승했다. 임진왜란 이전에 전라좌수영에서는 진중에서 무과를 시행하여 수군에 필요한 인재를 선발하였다. 군졸의 훈련과 함께 좌수영 단위 부대들의 부대훈련도 병행하였다. 투항해 온 왜병 중에서 총 잘 쏘는 자를 뽑아서 조선 수군의 훈련에 활용하였다. 학익진을 구사하기 위해서는 신속한 기동과 선회, 일사불란한 지휘통제가 요구된다. 밤낮없는 훈련이 있어서 학익진이라는 전법의 구사가 가능하였다.

조선 수군은 지역민과 함께 전쟁에 필요한 물자를 비축하고 조달하여 승리했다. 이순신은 연안의 백성을 모집하여 소금을 만들고 그릇을 만들었다. 곡식을 사들여 군량미로 보관했다. 구리와 쇠를 캐거나 사 모아서 총포를 제작하고 화포의 사용에 필요한 화약을 모았다. 전쟁으로 고향을 떠난 유민들을 모아서 병영의 땅을 경작시켜 군량을 준비하였다. 병기를 정비하고 배를 만드는 노력을 계속하였다.

이순신의 조선 수군은 안보보험에 잘 가입하여 국가의 생존에 기여하는 데 성공하였다. 이순신의 조선 수군은 전투에 필요한 soft power와 hard power를 잘 준비하여 압도적으로 승리했다. 왜의 수군에 대한 정보를 수집하고 지형과 물길의 특성을 파악하여 활용하였다.

또한 거북선, 화포와 같은 비대칭 수단을 지속해서 준비하고 실제 전투에 활용하였다. 상대와 자신의 형편을 고려한 뛰어난 지략이 여기에 결합하였다. 이를 통해 조선 수군은 궁극적으로 임진왜란의 판을 바꾸는 역할을 하였다.

1960~1970년대 대한민국의 국가전략

1960~1970년대 대한민국의 국가전략도 안보보험을 잘 든 성공의 사례라고 생각한다. 당시 대한민국은 나라의 부국과 강병에 힘썼다. 1960년대와 1970년대를 지나면서 실제로 나라가 경제적으로 풍요로워지고 군사적으로 강해졌다.

나라가 얼마나 잘살게 되었는지를 살펴보자. 정부 공식통계 사이트에 보면, 1960년 우리나라의 1인당 명목 국민총소득은 1만 원이었다.

1979년의 1인당 명목 국민총소득은 86만 원으로 86배가 증가하였다.

또한 자주국방을 위한 노력이 계속되었다. 정부 예산의 40% 이상을 군사 분야에 지출했다. 다양한 무기를 국산화했다. 예비군을 창설하여 물리적인 군대의 규모도 대폭 확대했다.

그래서 40여 년이 지난 지금까지도 대한민국은 많은 위협을 극복하고 생존을 유지하고 있고, 경제적으로 풍요로워지고 있다.

1960년대와 1970년대 대한민국이 직면한 상황은 심한 동서 냉전의 시대였다. 미국의 진영에 속한 대한민국은 미국과 소련이 다투는 냉전의 끝단에 있었다. 대한민국의 생존을 위해서는 자신의 힘도 필요했고 친구의 힘도 필요한 시기였다.

국가 내부적으로는 전쟁 후 경제적인 어려움이 심했다. 국민의 의식주 해결이 시급했다. 1960년 1인당 국민소득은 83달러로 280달러인 북한의 1/3 수준이었다. 미국의 원조로 국가 경제가 유지되는 상황이었다. 1960년 국가 예산이 4,237억 환이었는데, 이 중 35%를 미국의 원조로 충당하였다.

1960년대와 1970년대 대한민국의 생존을 위한 노력이 많았음을 역사 자료들이 보여 주고 있다. 궁극적으로 그러한 노력의 결과로 북한에 의한 국지적인 군사도발은 있었으나 대한민국의 생존은 흔들림 없이 확보되었다.

그렇다면 대한민국은 국가의 생존을 위해 나라의 soft power를 어떻게 증진했을까?

당시 대한민국 국가 리더십의 국제정세 판단과 현실 인식이 높았다. 1960년대와 1970년대 대통령을 포함한 국가 주요 직위자들은 힘이 지배하는 국제사회의 현실과 북한의 공산혁명 실체에 대한 정보에 밝았다. 동서 진영의 냉전체제에서 약소국인 대한민국은 독자적인 힘으로 생존이 어렵다고 인식했다. 서방국가의 중심인 미국이 필요했다. 그래서 한미동맹을 안보의 근간으로 하였다.

1953년에 체결된 한미상호방위조약이 이 시기에도 유효했다. 주한미군은 지속해서 한반도에 주둔했다. 한미군사동맹을 튼튼하게 유지하기 위해서 대한민국 정부는 한국군의 베트남 파병을 미국에 먼저 제안하였다. 이 모든 사안이 한미동맹이 안보의 근간임을 잘 보여 준다.

한미동맹을 안보의 근간으로 하면서도 항상 한미동맹 이외의 다양한 보완적 방안들을 모색하였다. 미국이라는 동맹이 있지만, 대한민국의 국가 리더십은 자신을 스스로 지킬 수 있는 핵심적인 역량을 갖추어야 함을 알았다.

대한민국 정부는 이 시기에 집단안보를 통한 생존을 위해 대한민국판 NATO와 유사한 형태의 집단방위체제 결성을 추진하였다. 정부는 이를 아시아·태평양조약기구(APATO, Asia Pacific Treaty Organization)로 명명했다. 1968년 11월에 월남전 상황, 미국의 대아시아 전략 변화 등을 고려하여 공산주의 위협에 대비하기 위한 새로운 형태의 지역 안전보장체제의 필요성이 APATO 추진의 핵심적인 이유였다.

안타깝게도 대한민국의 APATO 구상은 실행되지 못했다. 미국 정부의 APATO에 대한 신중한 자세, APATO 구상에 대한 관계 국가들의 냉담한 반응 때문이었다. 비록 대외전략 환경의 변화에 대응하여 대한민국 정부가 독자적으로 구상했던 아시아·태평양조약기구라는 지역 집단안보체제 구상은 실현되지 못했으나, 정부의 국제사회 현실에 대한 인식과 생존을 위한 전략의 구사는 대한민국의 soft power를 높였다.

베트남전이 계속되고 있던 1966년에 우리 정부는 당시의 변화하는 대내외 안보 환경을 분석하고 이에 대응하려고 월남 참전국 회의를 제의하였다. 역내 반공 국가들이 참여한 월남 참전국을 중심으로 지역 안보협력을 논의하고자 했다. 역내 참전국들과 공동으로 월남전 문제를 논의하는 회의를 자연스럽게 지역 안보 문제를 협의하는 기회로 활용하고자 했다. 월남에서의 공산주의 위협을 아시아·태평양 지역 전체의 위협은 물론 북한의 위협과 연계시키는 것이 궁극적인 의도였다.

월남 참전국 외상 회의에 참석한
최규하 외무장관(1969)
(국가기록원)

대한민국 정부의 주도로 진행되었던 월남 참전국 회의는 월남 참전국 정상회담과 월남 참전국 외상 회의로 구분할 수 있다. 참전국 정상회담은 1966년에, 외상 회의는 1967년부터 1971년까지 각각 개최되었다. 월남 참전국 대사 회의는 1971년에 한 차례 개최되었다.

대한민국 정부의 월남 참전국 회의 참가로 한반도에서의 북한의 도발을 규탄하고 참전국의 지지를 얻을 수 있었다. 월남 문제가 궁극적으로 아시아·태평양 지역 전체의 문제라는 데 참전국이 모두 동의하였으며, 같은 맥락으로 북한의 도발과 위협이 지역의 평화와 안전을 위협한다는 데 의견의 일치를 가져왔다.

안보 분야의 국제협력으로 국가 생존을 확보하는 지혜를 발휘하였다. 대한민국 안보의 근간인 한미동맹과 더불어 정부는 주변에 있는 친구의 힘을 활용하기 위한 대외 안보협력을 추진하였다.

1960년대와 1970년대 대한민국의 생존을 위한 대외 안보협력의 대표적인 노력이 아시아 · 태평양이사회(ASPAC, Asia and Pacific Council)이다. 대한민국 정부는 아시아 · 태평양이사회라는 지역 회의체를 창설하여 안보를 강화했다.

1972년 아시아·태평양이사회 기념우표
(한국조폐공사)

ASPAC은 1960년대 대한민국 정부가 국가 생존을 위한 아시아·태평양 지역 대외 안보전략의 하나로 추진했던 대표적인 사례이다. 국제협력을 목적으로 우리나라가 주도하여 1966년에 창립한, 아시아·태평양 지역 외무장관 회의이다. 국제정세를 고려할 때 아시아·태평양 지역에서 자유 진영 국가들의 상호 긴밀한 협조를 위한 지역 기구의 창설이 필요하다고 판단하여 이러한 협력을 추진하였다.

대한민국, 일본, 월남, 대만, 필리핀, 태국, 호주, 뉴질랜드, 말레이시아의 9개국이 정식회원국으로, 라오스가 옵서버로 참가하여 매년 1회 열렸다. 중공이 UN에 가입한 1973년까지 7회 진행되었다. ASPAC은 본회의와 상설위원회를 개최하였다. 회원국 사이의 협력을 강화하기 위해 사회문화센터, 식량비료기술센터, 경제협력센터 등 여러 개의 부속기관을 설립하여 운용하였다. 7차까지의 ASPAC은 궁극적으로 대한민국의 안보를 강화하는 데 이바지했다.

국가의 생존에 필요한 물리적인 힘을 키우는 노력도 주목할 만하다. 6·25전쟁이 끝난 지 얼마 안 되는 시기이기도 하지만, '자주국방'을 위한 국가 리더십과 국민의 열정이 뜨거웠다. 북한의 대남전략과 미국의 대한반도 정책이 여기에 영향을 주었다.

1960년대에 북한의 군사비 지출이 급격히 증가하였다. 1964년 북한의 군사비는 국가 예산의 5.8%였다. 1966년에는 국가 예산에서 군사비가 차지하는 비율이 10%로 증가했고, 1967년부터는 군사비가 국가 예산의 30%를 넘기 시작했다.

특수부대의 대남도발을 포함한 군사도발도 급격하게 증가했다. 1960년부터 1964년까지의 군사도발은 11건이었다. 그런데 1965부터 1969년까지는 41건으로 대략 3배로 증가했다. 10년 동안의 도발은 1·21 사태를 포함하여 습격 21건, 납치 10건, 무장간첩 18건, 침투 3건이었다.

한편 미군 정부는 지속해서 주한미군의 감축을 추진하였다. 대한민국 정부는 주한미군의 감축을 전략적으로 활용하였다. 주한미군의 감축은 국군 현대화와 방위력 증가가 연계되어야 동의할 수 있다는 조건을 내세웠다.

이 시기에 주한미군은 실제로 감축되었다. 주한미군의 규모는 1964년에 63,000명이었으나, 1971년 43,000명, 1973년 42,000명으로 조정되었다. 주한미군의 숫자가 줄어들었지만, 미국 정부의 대한민국에 대한 군사원조는 급격하게 증가하였다. 1965년에 1억 9천6백만 달러에서 1968년에는 6억 7천3백만 달러로 3배 이상 늘어났다.

이와 연계하여 우리 정부도 국방예산을 증가시켰다. 1961년 국방예산은 1억4천4백만 달러였다. 군의 현대화와 연계하여 1972년에는 4억 5천만 달러로 10년 사이에 거의 3배가 증가하였다. 우리 군의 규모도 변화하였다. 군을 현대화하면서 1958년 72만 명이던 군은 1976년에 63만 명으로 조정되었다.

자주국방을 위한 무기의 국산화가 도전적으로 시도되었다. 당시 우리 군은 기본화기인 소총도 만들지 못해서 미군이 6·25전쟁 후 남기고 간 M1 소총을 사용하는 수준이었다. 미국의 지원으로 M16 소총을 제작하기 시작했다.

기본화기인 소총으로부터 전차는 물론 미사일까지 개발을 시작했다. 1978년에는 미사일을 독자 개발하여 발사에 성공했다. 당시 기록으로 세계 7번째로 미사일 발사에 성공한 나라가 되었다. 개발에 성공한 미사일의 이름은 백곰 미사일이었다.

백곰 시험발사 장면(1978.9.26.)
(『국방일보』(2022.3.11.))

남한에 침투한 북한 공작원이 청와대 습격을 시도하는 사건이 계기가 되었지만, 예비군의 창설도 예비전력의 보강 차원에서 물리적인 힘

향토예비군 창설식(1968.4.1.)
(국가기록원)

을 키우는 중요한 결정이다. 100만 명이 넘는 북한군의 규모, 전쟁의 장기화에 따른 보충 인력의 필요 등을 고려할 때 예비전력의 확충은 전쟁 승리의 바탕이 된다.

6·25전쟁 이후 우리 군의 실전경험도 계속해서 축적되었다. 이 기간에 전면전이나 국지전과 같은 비교적 대규모의 무력 충돌은 없었다. 그러나 북한과의 접경 지역에서 북한군의 무력도발에 대한 대응은 매우 많았다.

베트남전 참전은 국군에게는 전투역량을 키우는 기회의 창이었다. 많은 장병의 희생이 있었지만, 그러한 희생이 절대 헛되지 않았다. 북한의 김일성이 우리 군의 베트남 파병 결정에 땅을 치고 애통해했다고 한다. 국군이 전투 경험을 갖춘 군대가 될 것이며, 그러면 그런 경험을

파월 백마부대 환송식(1966.8.26.)
(한국정책방송원)

하지 않는 북한군과의 전투력 격차가 넓어지는 사실을 김일성은 걱정했을 것이다.

국가의 생존은 튼튼한 경제력이 뒷받침되어야 한다. 총력전을 수행해야 하는 현대전에서 국가의 경제력이 뒷받침되지 않으면 전쟁에 승리할 수 없다.

1960년대와 1970년대 대한민국의 총력전 역량도 매우 높아졌다. 전쟁으로 폐허가 된 나라의 사정은 국가 주도의 top-down 형태의 경제발전을 해야 했다. 자원이 부족하고 기술이 부족하고 자본이 부족했기 때문이다.

국가 주도의 경제성장은 높은 성과를 냈다. 1차 경제개발계획이 추진되었던 1962년에서 1966년 사이에 경제성장률은 7.8%, 수출신장률은 43.7%였다. 2차 경제개발 기간인 1967년에서 1971년 사이에 경제성장률은 9.6%, 수출신장률은 33.7%였다. 3차 경제개발계획이 추진되었던 1972년과 1976년 사이에 경제성장률은 9.2%, 수출신장률은 48.5%였다. 국민소득도 1962년 83.6달러에서 1972년 322달러로 폭발적으로 증가했다.

경제학자들의 분석대로 중화학공업 발전, 새마을운동 등 경제근대화가 성공적으로 진행된 시기이다. 포항제철소 만들기, 경부고속도로 만들기 등의 산업 근간이 모두 이 시기에 진행되었다. 젊은이들의 희생을 감내하면서 결정했던 베트남 파병도 직·간접적으로 국가의 경제를 튼튼하게 다지는 데 큰 역할을 하였다.

1960년대와 1970년대 대한민국은 안보보험에 잘 가입하여 국가의 생존을 확보하는 데 성공하였다. 이 기간에 북한의 군사도발은 많이 있었으나, 대규모 분쟁으로 국가의 생존이 위협받는 상황은 없었기 때문이다.

1973년 포항제철의 모습
(국가기록원)

국가의 리더십은 6·25전쟁 후 대한민국이 생존해야 할 국내외 환경과 현실을 잘 읽었다. 국민의 동참과 의지를 끌어냈다. 한미동맹을 근간으로 하면서도 주도적으로 대외 안보협력을 강화하여 나라의 soft power를 키웠다. 미국의 국가전략 활용, 베트남 파병 등의 대외상황을 전략적으로 활용하면서 자주국방과 산업화로 물리적인 군사력도 튼튼하게 만들었다. 전쟁으로 황폐해진 나라가 도약하는 바탕을 튼튼하게 다지는 역할을 하였다.

4장

대한민국 안보보험의 현재

현재 대한민국은 안보보험 가입 노력을 계속하고 있다. 하지만 이 노력이 충분한지는 좀 더 냉정하게 살펴보아야 한다. 여기서는 대한민국 안보보험 가입의 현재 상태를 살펴서, 지금의 상태가 충분한지를 평가해 보고자 한다. 채워야 할 공간이 있다면, 어떤 분야이며, 어떤 방향으로 채워 가야 하는지도 제시하고자 한다.

현재 상태를 평가해야 하는 이유는 안보 환경이 지속해서 변하기 때문이다. 주변국도 정지되어 있지 않고 계속 움직이고 있으며, 격차가 점점 벌어질 수 있다. soft power와 관련해서는 예산이나 대비태세 등의 요소를 진단해 보고자 한다. 아울러 hard power의 대표적인 요소인 실질 국방력 분야도 함께 진단해 보고자 한다.

대한민국 안보보험의 soft power 현주소

soft power 분야의 안보보험 가입 상태를 볼 필요가 있다. 먼저 국방예산의 규모를 살펴보고자 한다. 한 나라의 군사력은 경제력이 뒷받침되어야 한다. 그래서 국방예산은 안보에 대한 해당 국가의 의지나 실행을 객관적으로 비교할 수 있는 요소이다.

세계 경제 지표를 그래픽으로 제시하는 회사인 Visual capitalist에 따르면, 2021년 기준으로 우리나라의 국방비 지출 순위는 세계 10위이다. 지출 규모는 502억 달러로, GDP 대비 2.4%이다. 2022년에는 한화 55조 2,277억 원이었으며, 2023년 국방예산은 한화 57조 원이다. GDP 대비 2.5~2.6% 수준이다. 전년 대비 증가율도 4.4%를 유지하고 있다.

국방부의 자료에 따르면, 역대 정부별로 임기 5년 동안 가장 국방예산을 많이 증액한 정부는 문재인 정부이다. 문재인 정부는 임기 5년 동안 국방비를 36.9%나 증액했다. 문재인 정부가 임기를 시작한 2017년 국방예산이 40조 3,347억 원이었으니 임기 동안 3분의 1 넘게, 액수로는 10조 원 이상의 예산을 늘렸다. 최근 연도별 정부 예산과 국방예산의 증가율 추이는 아래의 그림과 같다.

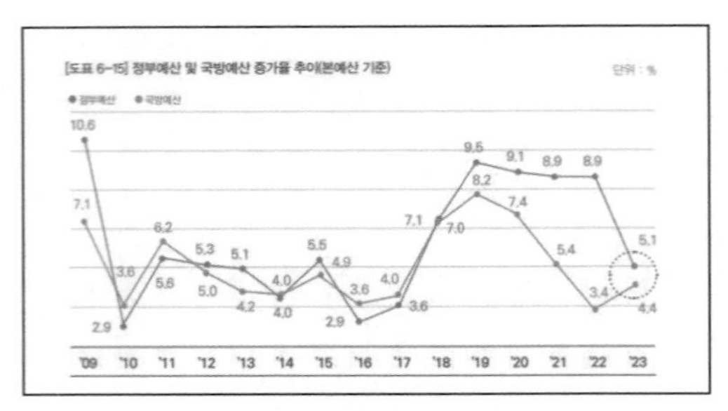

국방 예산 증가율 추이
(「2022 국방백서」, p.254)

국방 예산의 규모가 이렇게 늘어나고 있어서 다행이다. 하지만 주변국과의 누적되는 격차를 생각해 보아야 한다.

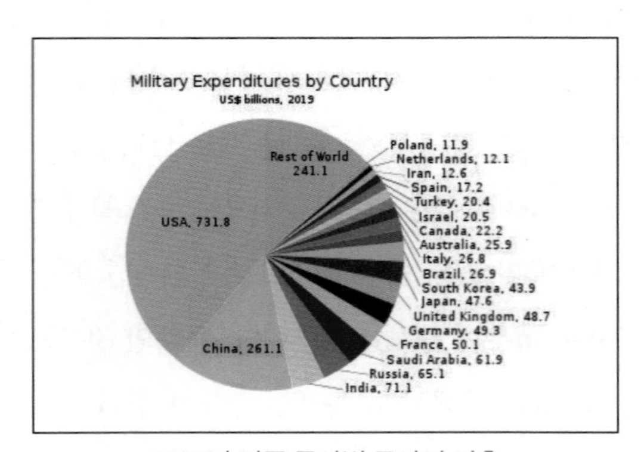

2019년 기준 국가별 군사비 지출
(https://en.wikipedia.org/wiki/military_budget)

앞의 그림에서처럼 우리의 주변국인 미국, 일본, 중국, 러시아는 모두 우리보다 많은 국방 예산을 지출하고 있다. 이러한 격차는 매년 같지 않다. 상대국의 예산 규모가 커지기 때문에 5년, 10년 누적되는 격차는 매우 크다. 예를 들어, 1년 단위로 비교하면 중국의 국방비는 우리의 6배이다. 그런데 분모의 단위가 다르므로 이러한 격차가 5년 동안 누적되면 더 큰 차이가 발생한다.

만약 국방예산의 차이가 국방력의 차이와 직접 연계된다면, 우리의 국방력은 시간이 갈수록 상대적으로 더 약해지게 된다. 이런 맥락으로 국방 예산이 충분한지를 따져 보면, 우리나라의 국방예산이 충분하지는 않다고 볼 수 있다.

soft power의 다른 요소인 북한의 무력도발과 전면전에 대한 대비 태세도 든든하다. 한미동맹을 근간으로 연합방위태세를 갖추어 북한과의 전면전에 대비하고 있다. 한반도 방위를 위한 작전계획을 수립하고, 계획의 실효성을 높이기 위한 연합연습도 꾸준하게 하고 있다.

평상시 북한의 무력도발에 대비하기 위해 우리 군이 주도하여 현행작전 태세를 갖추고 있다. 비무장지대, 영공, 영해에서 민·관·군의 가용한 요소를 통합하여 도발에 대비하고 있다. 간헐적인 북한의 무력도발이 있었고, 여기에 대한 군의 대응이 때로는 충분하고 때로는 충분하지 않았다. 그러나 위기가 고조되어 전면전으로 이어지는 상황은 없었다.

양적 군대를 질적 군대로 변환하는 국방개혁도 2006년부터 지금까지 추진하고 있다. 최초 계획이 일부 변경되었지만 큰 방향은 유지되고 있다. 군의 병력 규모는 이미 최초 계획을 달성하였다. 50만 명 규모의 육군을 36만 명 규모로 줄였다. 육군 병력의 3분의 1을 줄인 셈이다. 간부와 군무원을 늘려서 양적인 축소를 상쇄하고 전투력을 높이기 위한 새로운 무기체계와 싸우는 방법의 도입도 계속되고 있다.

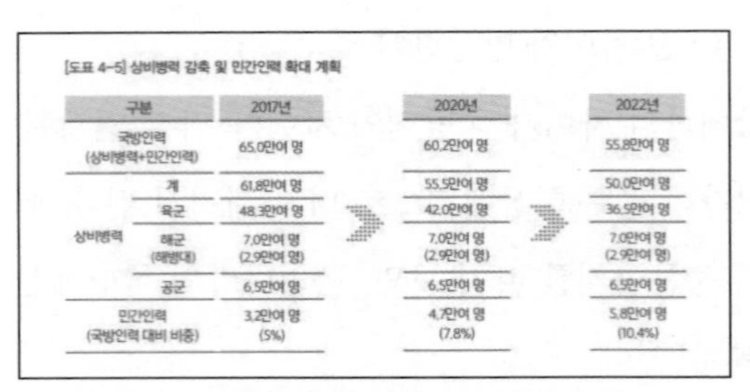

[도표 4-5] 상비병력 감축 및 민간인력 확대 계획

구분		2017년	2020년	2022년
국방인력 (상비병력+민간인력)		65.0만여 명	60.2만여 명	55.8만여 명
상비병력	계	61.8만여 명	55.5만여 명	50.0만여 명
	육군	48.3만여 명	42.0만여 명	36.5만여 명
	해군 (해병대)	7.0만여 명 (2.9만여 명)	7.0만여 명 (2.9만여 명)	7.0만여 명 (2.9만여 명)
	공군	6.5만여 명	6.5만여 명	6.5만여 명
민간인력 (국방인력 대비 비중)		3.2만여 명 (5%)	4.7만여 명 (7.8%)	5.8만여 명 (10.4%)

상비병력 감축 및 민간인력 확대 계획
(「2020 국방백서」 p.100)

전면전에 필요한 전투력의 많은 부분을 차지하는 예비전력의 운용체계도 비교적 잘 유지되고 있다. 한반도에 전면전이 발생하면 미국에서 증원할 미군들의 전개 훈련도 정례적으로 시행하여 실효성을 높이고 있다.

안보보험 soft power의 채워야 할 공간들

경계작전 전념 여건의 조성

평상시 북한군의 도발에 대비하는 경계작전에 집중이 제한되고 있어 구조의 변화가 필요하다. 군의 경쟁력은 전투에서 승리할 때 높아진다. 간헐적인 경계작전의 실패는 우리 군의 반복되는 실수라고 넘어가기에는 빈도가 높다. 그래서 우리 군의 현행작전 수행의 실력에 대한 의구심을 갖는 단계이다.

이렇게 된 근본적인 원인은 군이 모든 기능을 직접 수행하려는 문화에 있다. 이는 경계작전이라는 군의 본질에 대한 집중도가 떨어지는 구조이다. 군이 모든 기능을 직접 다 할 수도 없고, 할 필요도 없다. 구조적으로 경계작전에 집중이 어려운 상황을 근본적으로 개선해 주어야 한다.

비무장지대에서 경계작전을 수행하는 GP와 GOP 소초의 운영을 살펴보자. 이곳에서 핵심적인 역할을 하는 초급 간부들이 수행해야 하는 과업이 너무 많다. 이들이 슈퍼맨이 되어야 하는 구조이다.

경계작전을 최우선 과업으로 수행하지만, 시설 관리, 급식 관리, 취사, 난방기구 관리, 급수 관리, 병력 관리, 총기와 탄약의 관리, 전술도로와 전투시설물 관리, 장애물 관리 등의 부가적인 과업도 수행해야 한다. 경계작전 현장에서 초급 간부가 수행해야 할 일이 이처럼 많다.

그래서 경계작전이라는 본질에 역량 집중이 어려운 구조이다. 그런데 작전에 문제가 생기면 현장 간부들만을 탓한다. 그렇게 해서는 본질적인 치유가 되지 않는다.

근본적으로 비무장지대 경계에 투입되는 병력의 과감한 축소가 가능하도록 작전수행 개념을 조정해야 한다. 지금보다 더 과감한 과학화와 원격화를 시도해야 한다. GP에 감시장비와 타격장비를 설치하여 원거리에서 운용할 수 있다. 감시와 타격을 위해 병력이 반드시 GP에서 숙식하면서 체류할 필요가 없다. GP를 주간과 야간 매복진지 개념의 작전기지로 운영하면 된다.

최전방 GP의 모습
(국방일보(2019.2.14.))

작전 활동 이외의 과업을 최소화하려면 소규모로 주둔하는 개념을 바꿔야 한다. GP와 GOP 소초를 숙식을 모두 해결하는 기지가 아닌 단순한 작전기지의 역할만 수행하도록 조정해야 한다. 통합된 주둔 지역에서 생활하면서 작전 지역으로 투입하고 철수하는 개념을 적용하면 된다. 일부 기능은 원격으로 수행할 수 있는 시스템을 구축해야 한다. 이를 위해서 필요하면, 즉응전력의 투입에 사용되는 기동수단과 기동로를 보강하면 된다.

군의 역할에 대한 선택과 집중으로 현장의 간부들에게 슈퍼맨을 요구하지 않는 국방정책을 추진해야 한다. 본연의 역할 수행에 집중하고 나머지는 외부 생태계를 활용해야 경쟁력 있는 군이 된다. 작전 이외의 과업인 급식, 시설관리, 장비 관리, 물자관리, 환경정리 같은 과업을 민영화하거나 현행작전을 수행하지 않는 부대를 전담부서로 지정해야 한다. 이렇게 하여 작전부대 초급 간부의 과업에서 이러한 기능을 제외해야 한다.

'주둔' 개념의 변화 모색

군 본연의 임무 수행에 큰 걸림돌이 되는 '주둔' 개념의 변화도 모색해야 한다. 육군의 경우 1950년대 여건을 고려한 주둔 개념이 현재까지 유지되고 있다. 대부분의 부대가 대대급 단위로 울타리를 형성하여 주둔하고 있다. 현행작전을 수행하는 부대는 아직도 중대급, 소대급, 심지어는 분대급 규모로 주둔하는 곳도 많다. 육군의 주둔지가 수천 개가 되는 이유이다. 이미 대규모 기지 단위로 운영되는 해군과 공군 또는 미군을 포함한 외국 군대와 크게 차별되는 대목이다.

이러한 구멍가게식 주둔 개념의 적용은 많은 부가적인 과업을 요구

한다. 주둔지 단위로 취사시설을 운영하고, 울타리를 경계하고, 위병소를 운영하고, 상황실을 운영하고, 야간근무를 운영한다. 이러한 과업에 많은 자원이 투입되면 훈련을 포함한 군의 본연의 임무 수행에 많은 부담을 준다.

부가적으로, 이러한 소규모 주둔지 운영은 효과적인 복지시설 운영도 어렵게 한다. 복지시설도 규모의 경제가 적용되지 못하기 때문이다. 대대나 중대 단위로 흩어져 있는 주둔지에 대규모 복지 관련 시설을 유지할 수 없다. 그래서 소규모로 주둔하는 부대가 많을수록 복지와 복무 여건은 안 좋아진다.

우리 군의 주둔에 영향을 주는 여건은 많이 변화되었다. 신속한 대응을 위한 기동수단도 많아지고 기동로도 좋아졌다. 무기체계의 성능이 향상되어 원거리에서 사격할 수 있다. 기동화되고 장갑화되어서 유사시 소산과 엄폐로 부대 집중에 따른 대량 피해를 막을 수 있다. 그래서 군이 소대, 중대, 대대급의 소규모 주둔지를 많이 운영하여 부가적인 과업을 수행할 필요가 없다.

구멍가게 형태로 유지되는 육군의 주둔지를 통합하여 중형 또는 대형할인점으로 만들어야 한다. 예를 들어, 10개의 소규모 주둔지를 하나의 주둔지로 통합해 보자. 위병소가 10개에서 1개로 줄어든다. 10개 운영하던 취사시설을 1개만 운영하면 된다. 상황실 10개를 통합하고, 야간근무 소요를 1개로 통합할 수 있다. 울타리 경계도 전담부대를 지정하여 순환하면 나머지 부대는 훈련과 전투준비에 매진할 수 있다.

평택의 미군기지인 캠프 험프리스 모습
(US Army 자료)

이렇게 하면 복지 여건은 더 좋아진다. 소규모 마트 10개를 2~3개의 중형마트나 대형마트 1~2개로 운영할 수 있다. 카페나 스낵바, 실내체육관을 포함한 복합 복지시설이나 운동시설도 구축할 수 있다. 규모의 경제를 적용할 수 있기 때문이다.

물론 이러한 통합은 쉽지 않다. 그래서 수천 개가 되는 육군의 주둔지를 한꺼번에 다 통합하기는 불가능하다. 현재의 예산편성과 군사시설 관련 절차를 적용하면 큰 틀의 주둔지 통합은 매우 어렵다. 도약을 위해서는 지금까지 해 보지 않은 방법을 과감하게 적용해 보아야 한다.

가장 통합의 여건이 좋은 지역 1개를 선정하여 통합해야 한다. 성공의 사례(story) 하나를 만들어서 확산하는 전략을 구사해야 한다. 부대가 한곳에 모이면 적의 위협에 취약하다는 반대 논리에 대한 설득 논리도 준비해야 한다. 주한미군이 그걸 몰라서 평택에 부대를 집결시켜서 대형할인점 형태의 기지를 만들었겠는가?

징모혼합제 도입, 18개월 복무의 제한사항 극복

18개월 복무하는 병사가 전투력 발휘의 많은 부분을 차지하는 군 구조도 발전적으로 조정해야 한다. 해군과 공군은 간부들이 전투력 발휘에 핵심적인 역할을 한다. 병사들은 간부와 비교하여 차지하는 비율도 낮고 전투력 발휘의 부가적인 역할을 한다. 육군의 상황은 이와 다르다. 18개월을 복무하는 병사들이 창끝 전투력 발휘의 많은 부분을 차지한다. 예를 들면, 아직도 한 대에 수십억 원이 넘는 전차, 장갑차, 자주포 일부를 병사가 운전한다. 40명 이상을 태우고 이동하는 대형버스 운전도 병사들이 하고 있다.

이러한 구조를 유지하는 육군이 전투력 발휘에 충분한 구조인지를 살펴보아야 한다. 우리나라의 인구 사회학적인 환경의 변화를 고려할 때 심지어는 이러한 병사들의 충원도 쉽지 않은 상황이 곧 도래할 것이다.

여러 가지 대안이 검토될 수 있다. 지금보다 훨씬 혁신적인 '징모혼합제(징병제와 모병제의 혼합)'의 도입이 필요하다. 모병의 비율을 높여서 간부가 육군 상비전투력 유지의 근간이 되어야 한다. 20여 년 전에 수립하여 추진하고 있는 국방개혁만으로는 불충분하다.

간부 비율의 확대는 예산, 제도 정비, 시설 확충 등 많은 조치가 필요하다. 국방 영역의 노력만으로는 힘들다. 그래서 국민 모두의 관심과 지원이 필요하다.

우리의 안보 여건과 국가 경제를 고려할 때 징병제의 완전한 폐지는 어렵다. 징병과 모병을 병행하되 모병의 비율을 높이는 '징모혼합제'의 시행이 현실적으로 적절하다고 생각한다.

육군의 경우 대다수를 차지하는 병사들은 18개월을 복무한다. 징병제로 운영되므로 병사들은 복무 중에 휴가를 보내 줘야 한다. 복무 중에 병사들은 평균 30일 이상의 휴가로 부대를 떠난다. 아픈 곳이 있으면 일과 중에 외진의 형태로 병원에 가야 한다.

고가의 장비를 병사들이 운영하는 상황은 아직도 큰 진전이 없다. 전차 조종, 장갑차 조종, 자주포 조종 등이 대표적인 직책이다. 간부를 충원하여 점차 이러한 직책을 수행하는 병사들이 줄어들고는 있지만, 여전히 많은 시간이 걸린다.

출생률이 낮아지면서 징병이 가능한 병역자원이 부족해지는 우리나라의 인구 사회학적인 요소의 변화도 고려되어야 한다. 통계자료를 보면 2035년에 가용한 병역자원은 18만 명 수준이다.

육군을 기준으로 보면, 병사들의 18개월 복무를 유지하면서 전투력 발휘를 보장하려면 많은 조치와 노력이 필요하다. 병사들의 전투역량 숙달 시간이 절대적으로 부족하고 징병제로 인해 휴가를 포함해서 부대를 비우는 시간도 많기 때문이다. 고가 장비, 위험한 장비를 병사들

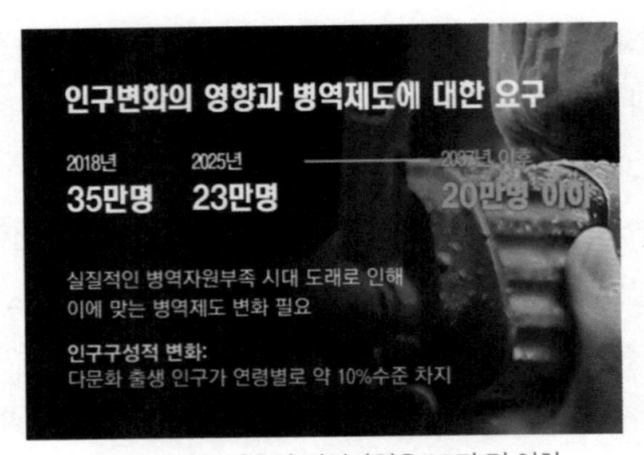

2037년 이후 가용한 병역자원은 20만 명 이하
(「병역자원 부족 시대의 병역제도 쟁점」
(안석기, 한국국방연구원 연구보고서, 2020.2.1.))

이 일부 운용함에 따라 전투력 발휘가 제한되거나 안전 분야의 위험이 크기 때문이다.

징모혼합제는 이에 대한 대안이 될 수 있다. 모병제를 시행하여 상비 전투력의 근간을 유지하면서 징병제의 근간은 유지해야 한다. 징병제는 대국민 교육의 기회이자 예비전력 확보 수단이기 때문이다.

징병제의 유지는 복무기간이 관건이다. 모병으로 충원하는 간부가 군 전투력 발휘의 근간이 유지될 수 있다면, 징병으로 복무하는 병사의 복무기간을 6개월 정도로 과감하게 줄여야 한다. 6개월 동안 기초 훈련만 집중적으로 시행하고 전역 후에 예비전력으로 확보해야 한다. 징병에 의한 병사들이 상비전력 유지의 근간이 아니므로 6개월만 복무해도 군 전투력 유지에는 큰 영향이 없다.

복무기간 단축이 전투력 유지에 영향이 없는 반면에 장점이 많다. 젊은이들의 경력 단절에 미치는 영향이 크지 않기 때문에 병역특례가 필요 없다. 대한민국의 젊은 남성 모두가 군에 올 수 있다. 국가적인 차원에서도 대부분이 젊은이들이 경력의 단절 없이 학업이나 취업을 할 수 있어서 인적자원 활용 측면에서 큰 도움이 된다. 국가경쟁력을 높이는 데 큰 역할을 할 수 있다.

징모혼합제를 시행하면, 군의 핵심 전투력은 간부에 의해 유지되도록 해야 한다. 그동안 병사들이 담당하던 전투력 대부분을 간부로 대치해야 한다. 이를 위해 간부를 충원하고, 충원된 간부의 장기 복무를 보장해야 한다. 여성 인력의 확대, 예비전력의 상근제도 도입, 과감한 민영화도 병행되어야 한다.

간부가 전투력 발휘의 중추가 되면 인건비를 포함해서 비용의 대폭적인 증가가 불가피하다. 그러나 그러한 부담을 상쇄할 정도로 장점이 많다. 군의 전문성이 높아져서 궁극적으로 국가의 안보 역량이 높아진다. 매년 수십만 명의 젊은이들이 군에서 복무함에 따른 기회비용을 따지면 간부 증원에 따른 비용의 증가도 상대적으로 크지는 않다. 복무기간 단축으로 수많은 젊은이의 학업과 취업이 가능해진다. 여기서 오는 기회비용의 이득이 훨씬 높을 것이기 때문이다.

이러한 징모혼합제의 시행이 가능하게 하려면 2가지 조건이 충족되어야 한다. 바로 국민적 합의와 동의이다. 예산의 수반은 물론이고 국가 시스템의 재설계가 필요하기 때문이다. 병 복무기간의 단축을 '안보

포기'나 '안보 불감증'에서 나오는 발상이라는 비판이 있을 수 있다. 국민적인 동의가 선행되어야 하는 이유이다.

국방부를 중심으로 중앙정부는 이러한 국가 시스템의 재설계와 관련한 효과 분석, 비용분석 등의 전문적이고 체계적인 검토가 필요하다. 법과 제도의 조정 소요도 검토되어야 한다. 교육 분야, 예산 분야, 고용노동 분야, 국방 분야, 법무 분야의 정부 기능이 긴밀하게 협업해야 한다. 이 과정에서 입법과 예산편성을 담당하는 국회와의 소통도 필수이다.

군은 징모혼합제 시행이 유사시 전투력 발휘에 미치는 영향을 분석하여 국민에게 제시해야 한다. 전투력 발휘의 공백 발생을 방지하면서 징모혼합제로 연착륙하는 방안도 제시해야 한다. 단계적이고 점진적으로 시행하는 방안의 제시가 하나의 예가 될 수 있다.

이와 병행하여 대규모로 모집하여 단기 복무 후 대규모로 전역하는 초급 간부의 운영 구조도 발전이 필요한 분야이다. 매년 2~3년 복무를 위해서 소위로 임관하는 장교가 수천 명이다. 4년 내외로 복무하기 위해서 하사로 임관하는 부사관도 수천 명이다.

이들이 대부분이 3년 내외의 복무를 마치면 전역한다. 대규모로 초급 간부를 모집한 후 짧은 기간에 대규모로 전역시키는 구조다. 18개월 복무하는 병사들만큼이나 말단 부대의 전투력 발휘에 영향을 주는 요소이다.

징병제의 불공평 해소방안 모색

징병제 시행의 불공평 해소 방안을 지속적으로 모색해야 한다. 우리나라는 모든 젊은 남자들이 병역의 의무를 수행하도록 헌법에 명시되어 있다. 나라의 부름을 받은 청년들이 18개월 동안 국가를 위해 복무한다. 그런데 병역면제자가 너무 많다.

병역을 면제해 주는 제도는 의무복무 기간이 30개월 이상일 때 시작된 제도이다. 일부 인원을 대상으로 군 복무로 인한 경력의 단절을 줄이고 전문성의 유지를 위해서 병역을 면제해 주었다. 그런데 이제는 복무기간이 18개월로 단축되었다. 이에 맞게 병역면제 제도에 대한 과감한 조정이 필요하다.

사회적으로 좋은 조건에 있는 젊은이들의 병역면제가 상대적으로 많다. 군 복무가 가능하지만 다양한 방법으로 병역의 면제를 시도하는 사례가 많다. 우리나라의 미래를 이끌어 갈 젊은이들에게 진정한 공정의 사회를 조성해 주어야 한다. 그래야 군 복무

〈표 11-1〉 대체복무 현황

(단위: 명, 2018년 기준)

구분	배정 인원	복무 기간	자격(대상)	복무 형태
사회복무요원 (보충역)	30,033명	24개월	4급(보충역)	• 복무 기관: 공공기관, 지자체, 복지시설 등 • 임무: 일반행정, 복지시설 운영 지원 등
예술·체육요원	-	34개월	예술대회, 올림픽 3위 입상 등	• 임무: 예술및체육 분야 등 해당 분야에서 활동 * 4주 기초 군사훈련 후 본인생업종사(면제)
국제협력요원	-	30개월	선발	• 태권도, 컴퓨터 등 유자격자
의무경찰	9,624명	21개월	신검등급 1~3급 (현역 대상)	• 복무기관 : 경찰청 및 산하 경찰서 • 임무: 방범순찰, 집회시위관리, 교통질서 등 치안 업무 보조
의무해양경찰	1,300명	23개월		• 복무 기관: 해경청 및 산하 기관 • 임무: 함정 근무, 어선 검문 검색 및 순찰, 중국어선 단속 통역요원 등 치안 업무 보조
의무소방원	600명	23개월		• 복무 기관: 소방서 및 산하 소방서 • 임무: 화재 진압·응급 환자 이송 등 보조
전문연구요원	2,500명	36개월	박사과정 수료자 (1,000명)	• 박사과정 수료(2년) 후 3년간 개인 박사과정 학업 활동
			석사 이상 학위자	• 지정 연구소에서 근무
산업기능요원	6,000명	34개월	기술면허자 (특성화고)	• 복무 기관: 공업·광업·제조업 등 기업체 • 임무: 생산·제조업무
			후계 농어업인	• 임무: 개인별로 농어업에 종사
	9,000명	26개월	4급(보충역)	
승선근무 예비역	1,000명	5년간 3년 승선	항해사, 기관사	• 복무 기관: 해운·수산업체에서 승선 근무 • 임무: 선박에 승선 근무, 유사시 군수물자 등 국가 중요 물자 수송 업무 지원
공중보건 의사	1,488명	36개월	의사, 한의사, 치과의사	• 복무 기관: 국공립병원, 농어촌 보건지소 • 임무: 병원, 보건소 등에서 의료 종사
병역판정검사 전담의사	53명	36개월	의사, 치과의사	• 복무 기관: 지방병무청 • 임무: 병역의무자 대상 징병신검 실시
공익법무관	219명	36개월	판사, 검사, 변호사	• 복무 기관: 법률구조공단 등에서 근무 • 임무: 법률상담, 소송대리, 법률지원 등
공중방역 수의사	200명	36개월	수의사	• 복무 기관: 시·군·구 및 국립수의과학검역원 • 임무: 방역 활동 및 검역 업무 수행
총계	대체복무 6만 2,017명: 현역 2만 2,984명, 보충역 3만 9,033명			

2018년 기준 대체복무제도 시행 현황
(병무청)

의 사명감과 책임감이 높아진다. 이러한 분위기는 군의 전투력 발휘에도 긍정적인 영향을 줄 것이다.

의무복무 기간을 더 줄이고, 간부를 늘려서 상비전력의 핵심 전투력은 직업군인 위주로 발휘되는 구조를 만들어야 한다. 이런 구조를 만들어서 궁극적으로는 병역면제를 폐지하는 방향으로 가야 한다. 대한민국의 모든 젊은이가 한 명도 빠짐없이 군에 와야 한다. 심지어는 신체장애가 있는 젊은이들도 본인이 희망하면 복무할 수 있도록 해야 한다. 신체장애가 있는 청년들이 수행할 수 있는 군의 영역도 충분히 있다.

군 훈련 여건의 개선

군의 변화되는 능력을 수용할 수 있는 훈련 여건을 갖추는 방안도 고민해야 한다. 전쟁에 대비하기 위해서 군은 훈련을 계속해야 한다. 실내 훈련시설이나 가상현실 공간에서 훈련할 수도 있다. 그러나 실내나 가상현실 공간에서는 야외에서의 훈련을 모두 대체할 수는 없다.

무기체계의 성능이 향상되면서 사거리가 증가하고 있다. 사거리가 증가하면서 사격할 때의 소음도 커졌다. 재산권을 포함한 국민의 기본권 보장에 대한 요구도 많아졌다.

이러한 훈련 환경의 변화는 훈련 여건에 대한 근본적인 조치를 요구한다. 훈련 여건을 갖추기 위한 본질적인 해결이 아닌 폭탄 돌리기를 하고 있지는 않은지 살펴보아야 한다.

포항 수성사격장 갈등 관리
(국민권익위원회 블로그)

예를 들어 훈련장 인근 주민들과의 갈등과 예전의 무기체계 성능에 맞게 설계된 좁은 훈련장이 걸림돌이다. 여기에 대한 군의 처방이 단편적이거나 일회성이 되면 안 된다. 근본적인 해결을 하지 않고 훈련장을 담당하는 현장 지휘관과 부대에 의한 현상 악화 방지 활동만 하면서 시간을 허비하면 안 된다. 국방을 넘어선, 국가 차원의 중장기 계획이 필요해 보인다. 무기체계의 성능에 맞게 훈련장의 규모를 늘리는 사안을 국가 차원의 의제로 논의하여 처방을 내야 한다.

또한 군은 훈련장에 대한 패러다임을 전환해야 한다. 군의 임무만 고려하지 말고, 지역주민의 재산권 보장을 동시에 고려해야 한다. 상생 프로젝트를 시행하여 훈련장을 인근 주민과 공유하고 지역 경제에 도움이 되도록 활용해야 한다. 예를 들어, 대규모 훈련장 주변이나 지역

예비군 훈련장 일부를 파크골프장, 캠핑, 서바이벌, 체력단련장, 글램핑, 산책로 등 레저시설로 조성하여 군과 지역민이 함께 활용하여 방안도 추진이 가능할 것이다.

국방부를 중심으로 관련 법규, 예산, 정책적인 조치를 해야 한다. 폭탄 돌리기를 그만하고, 야전의 부대가 본연의 임무에 집중할 수 있는 여건을 마련해야 한다.

전시 작전통제권 전환

전시 작전통제권 전환으로 군 간부들이 사고의 종속에서 벗어나야 한다. 대한민국과 미국 정부는 2012년에 전시 작전통제권 전환을 합의했다. 우리 정부가 요청하여 이후에 두 차례 전환이 연기되었다. 조건에 기초한 전환으로 합의한 상태에서 조건 충족에 필요한 조치를 하고 있다. 그런데 조건 충족은 다분히 주관적이다. 한미 양측의 합의가 이루어지지 않으면 전시 작전통제권 전환이 쉽지 않은 구조이다.

전시 작전통제권이 전환되면 당장 안보에 문제가 생겨서 나라가 망할 것처럼 주장하는 사람들이 많다. 심지어는 전시 작전통제권을 빨리 전환하자는 주장을 하면 안보 불감증에 걸려 있는 사람으로 취급하기도 한다.

그러다 보니 우리나라는 세계에서 유일하게 전시 작전통제권을 독자적으로 행사하지 못하는 군대로 머물러 있다. 우리 군은 이러한 현실에 대한 부끄러움을 잘 모른다. 계속 안 된다고만 하면 어느 세월에 독자적으로 작전통제권을 행사하는 군대가 될 것인가? 전시 작전통제권 전환과 관련된 국민의 우려를 충분히 헤아려 반영하면서 지금보다 훨씬 속도감 있게 이 사안을 추진해야 한다.

물론 현재의 작전지휘체계가 연합방위체제이므로 엄격하게 말하면 한미 양국 정부가 공동으로 작전을 통제하는 구조이다. 그런데, 여전히 미군 4성 장군이 한미연합군사령부의 사령관이다. 연합연습을 하는 과정에서 한국군들이 연합군사령부 지휘관인 미군 4성 장군의 얼굴만 보고 있지는 않은지 반문해 보아야 한다. 우리도 모르게 사고가 종속되고 있지는 않은지 군에 관계되었거나 지금 관계하고 있는 사람은 반문해 보아야 한다.

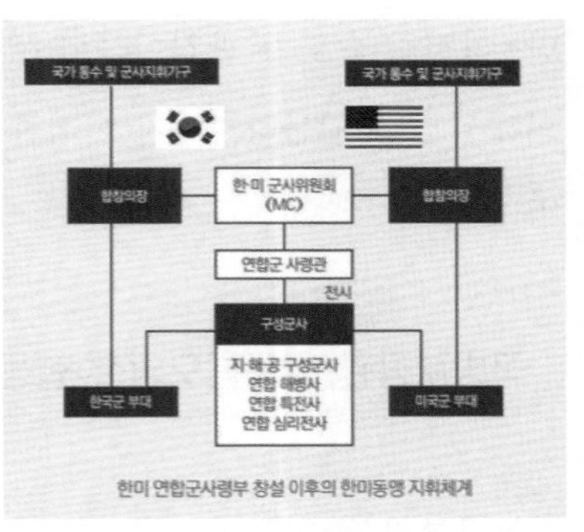

한미 연합지휘구조
(『2022 국방백서』 p.303)

우리 군의 역량이 충분하지 않아도 스스로 부대의 작전을 지휘해 보아야 한다. 그 과정에서 식별한 부족한 부분은 채워 가면 된다. 우리 군의 심리적인 종속과 수동적인 의식이 더 문제다. 오랫동안 이런 환경에서 살다 보니 이 분야에 대한 절실함의 강도가 약해지지는 않았는지 되돌아보아야 한다. 스스로 한반도 전구의 작전을 계획하고 수행하려면 무엇이 필요한지에 대한 깊은 고민이 필요하다.

우리 스스로 한국군은 물론 우리를 돕겠다고 들어오는 유엔군과 동맹인 미군을 운용하는 역량을 갖춰야 한다. 이러한 역량을 갖추기 위해서 누가, 무엇을, 어떻게, 언제까지 준비해야 하는지를 촘촘하게 계획하여 추진해야 한다. 지금도 나름대로 계획을 갖고 진행하고 있지만, 여전히 속도가 관건이라고 생각한다. 청년 장교들이 학습효과에 의해서 군에 입문하자마자 이러한 문화에 젖어 들지 않도록 깨우쳐 줘야 한다.

국방부장관, 합동참모의장, 합동참모본부의 제 역할 정립

국방부장관, 합동참모의장(합참의장), 합동참모본부(합참)의 제 역할 수행의 적절성에 대해서도 생각해 보아야 한다. 국방부장관은 정무직이다. 정치인이나 군 출신을 불문하고 누구나 임명될 수 있다. 나라의 안보 상황을 고려하여 통상 군 출신이 국방부장관에 임명된다. 장관에 임명된 군 출신 인사는 정무직 국무위원임에도 불구하고 자신을 야전 지휘관 또는 작전지휘관으로 인식하는 경우가 많다.

군 출신의 국방부장관이 이러한 인식을 하게 되면 장관이 수행해야 할 본연의 역할뿐만 아니라 합참의장의 역할까지 하는 경향이 있다. 「국군조직법」에 합참의장의 역할이 나와 있다. 군령에 관하여 국방부장관을 보좌하게 되어 있다. 여기에는 대통령과 국방부장관이 군사전문가가 아닐 수 있다는 전제가 깔려 있다.

국군통수권자인 대통령이 군사에 관한 중요사항에 대해 자문받기 위해서 국가안전보장회의를 하거나 군사에 관한 중요사항의 심의를 위한 국무회의를 할 때 국방부장관은 물론 필요에 따라서는 합참의장도 참석해야 한다.

국방부장관이 군 출신이다 보니 헌법에 명시된 합동참모본부와 합참의장 본연의 중요한 임무인 국군통수권자와 장관의 군령 보좌 기능에 소홀하지는 않는지 항상 반문해 보아야 한다. 합동참모본부가 전략제대에 걸맞지 않게 지나치게 현행작전에만 몰입하지는 않는지도 반문해 보아야 한다.

합참의 현행작전 관련 구조가 적절한지도 다시 살펴보아야 한다. 현행작전이 중요하지 않다는 주장이 아니다. 현행작전 수행을 위해서 국방부, 합참으로부터 대대급까지 제대별 역할이 달라야 함을 얘기하는 것이다.

전시와 평시에 합참의장이 전술 제대의 군사작전 지휘통제에 너무 집중하면, 국군통수권자의 국가전쟁 지도와 국방부장관의 전쟁 지휘의 군령 분야 보좌라는, 법에 명시된 고유 임무의 효과적인 수행이 제한될 수 있다.

군령 분야 보좌 외에도 전략적 차원의 전쟁 지휘, 군사외교, 계엄의 시행, 통합방위작전 수행 등 합참의장이 직접 수행해야 할 과업이 많다. 전시와 평시에 합참이 군사작전의 직접적인 지휘와 통제에 몰입하여 전쟁지휘 보좌, 전략적 역할, 군사작전 지침 하달 등의 본연의 임무 수행이 불충분하지는 않은지 세밀하게 살펴보아야 한다.

합참은 국방부장관이 군에 대한 전문성이 충분하지 않은 정치인이라는 사실을 전제해야 한다. 그래야 합참과 합참의장 본연의 역할을 절실하게 느끼고 방향을 전환할 수 있다. 국방부장관이 군 출신이 아니면 국군통수권의 군사 분야 보좌를 위해 합참의장이 수행해야 할 역할이 많을 것이다. 이 경우 국방부장관의 군령권 행사도 합참의장이 보좌해야 한다.

합참의장이 전구 군사작전의 세부 내용에 직접 관여하면 안 된다고 생각한다. 미국 합참과 긴밀하게 협의하면서 전구 군사작전 지침을 하달하는 데 집중해야 한다. 평시에 위기관리도 한미 연합체제에 의해 미군 4성 장군이 지휘하는 연합사령관에게 조기에 전환하면 안 된다. 이는 평시 작전통제권의 침해가 될 수 있다. 전시전환 단계로 가기 전까지는 대한민국의 합참의장이 직접 위기를 관리해야 한다. 합참의장과 합참은 평상시에 이러한 역량을 갖추는 데 진력해야 한다.

대한민국 군령권 행사의 상부구조 변화를 모색할 때가 되었다. 군 출신 국방부장관은 작전사령관이 아닌 정무직 국무위원의 역할에 집중해야 한다. 군령 분야는 합참의장의 보좌를 받아야 한다. 합참의장은 법에 명시된 역할에 집중해야 하고, 합참은 전략적 지위에 걸맞은 역할을 해야 한다. 이를 위한 전제조건은 하루라도 빨리 한국군의 독자적인 전구 작전 지휘역량을 갖는 것이다.

전략자문관 운용에 대한 검토

군 고위직위자를 자문하는 전략자문관 운용에 대한 검토도 필요하다. 우리나라 군 고위직위자들의 교체 빈도는 다른 나라와 비교해서 상대적으로 높다. 예를 들어, 미군 4성 장군이 보직되는 한미연합군사령부 사령관은 대부분 2년 정도의 임기를 마치고 교체된다. 한미연합군사령부에서 한국군을 대표하여 미군 4성 장군인 사령관과 함께 부대를 이끌어 가는 한미연합군사령부 부사령관인 한국군 4성 장군은 2년의 임기를 다 채우는 경우가 드물다.

교체 빈도가 상대적으로 높은 군 고위직위자들의 직책 수행은 대부분 개인의 역량에 의지한다. 군 조직의 특성상 수직적이고 지시와 보고 위주의 체계를 유지한다. 이를 보완하기 위해서 정책보좌팀을 운영하고 있다. 정책보좌팀 대부분은 현역으로 구성되어 있다. 현역의 인사 관리 특성상 자주 교체된다.

수직적인 구조에서 의사결정을 해야 하는 군 고위직위자의 직책은 매우 중요하다. 이러한 직책의 수행을 개인적인 역량에 의지하게 하면 전문성이 제한될 수 있다. 자주 교체되어 업무수행의 연속성이 잘 유지되지 않고 경험과 전문성의 축적이 쉽지 않은 구조이다. 급변하는 안보 환경의 수용 속도가 느려질 우려가 있다. 그러면 우리 군의 국제 경쟁력이 확보되기 쉽지 않게 된다.

물론 주요 직위자를 보좌하는 기능별 참모부가 편성되어 있다. 그러나 조직의 수직성과 경직성이 상대적으로 높은 군 조직이다. 그러다 보니 협업보다는 일방적이고 수직적인 업무 방식인 'stovepipe' 형태의 업무처리가 일반적이다. 통합적이고 연속성이 유지되는 보좌에 제한이 된다.

이러한 상황에 대한 대안은 전략자문관의 운용이다. 군 경험과 경륜, 전문성, 훌륭한 인품을 갖춘 사람을 군 주요 직위자의 전략자문관으로 운용하면 전문성과 업무의 연속성이 보장되어 경쟁력을 갖출 수 있다.

전략자문관은 건강, 개인 비리와 같은 결격사유가 발생하지 않으면 비교적 장기간 보직하여 그 효과를 낼 수 있어야 한다. 그래야 군 조직의 경쟁력이 확보된다. 참고로, 미군은 3성 장군 이상의 군 주요 직위자들을 위한 전략자문관을 운용하여 군 조직의 경쟁력을 확보하고 있다.

병사 계급체계 조정으로 행정 소요 축소

병사 계급체계 조정으로 행정 소요를 줄여서 군 본연의 임무 수행 여건을 보장해야 한다. 병사의 복무기간은 단축되었으나 계급체계는 여전히 4개를 유지하고 있다. 병사의 계급을 4개로 유지하면 많은 행정 소요를 수반한다. 여기에 대한 근본적인 검토가 필요한 시기이다.

군에서 병사와 관련된 행정이 아주 많다. 계급마다 병사들도 진급 심사를 하게 되어 있다. 주특기, 체력, 정신전력 등에 대해서 엄격하게 측정해야 한다. 정해진 기준을 달성한 사람만 진급할 수 있다. 이렇게 진급이 확정된 병사를 대상으로 진급 명령을 발령해야 한다. 진급 심사 기록도 모두 남겨야 한다.

그런데 복무기간이 단축되면서 평균 3~4개월 단위로 이러한 진급 심사와 진급 명령을 작성해야 한다. 육군의 경우 병사의 숫자가 20만 명 정도이다. 평균 3~4개월에 한 번씩 20만 명을 대상으로 진급 심사를 하고, 기록을 남기고, 결과를 명령으로 작성하여 하달해야 한다. 여기에 필요한 행정 소요를 상상해 보자. 이러한 병 인사와 관련된 분야에 엄청나게 많은 인력과 장비, 시간이 투입된다.

시기별 복무기간 변화
(『국방일보』(2018.1.2.))

병사들에게 휴가는 기본권이다. 여기에 공이 있으면 포상의 목적으로 추가 휴가도 시행된다. 모든 휴가, 외출, 외박에도 행정이 수반된다. 명령을 작성하여 하달해야 한다. 20만 명의 휴가에 대한 행정 소요를 생각해 보면 그 규모를 가늠할 수 있다. 여기에 교육 명령, 파견 명령, 후송 명령 등의 행정도 있다. 중대급부터 대대, 여단, 사단, 군단, 작전사, 육군본부까지 단계별로 병 인사와 관련된 행정을 한다.

병사의 계급을 2개로 조정하여 병 행정 소요를 대폭 감소시켜야 한다. 이를 통해 절감된 인력, 장비, 시간을 군 본연의 임무 수행에 투입해야 한다.

병 행정 소요 중 대부분을 디지털화하여 본연의 임무 수행 여건을 보장해야 한다. 간단한 사안들은 서류로 작성하는 대신에 앱을 활용하거나 네트워크를 활용하면 된다. 이렇게 되면 병사를 위한 인사 행정에 투입되는 인력을 전투 요소에 전환하는 효과를 가져올 수 있다. 부가적으로 병사의 수직구조가 4개에서 2개로 줄어들어서 병 상호 갈등을 줄이는 효과도 가져올 수 있다.

4차 산업혁명에 걸맞는 인재상 정립

과학적 소양을 갖춘, 4차 산업혁명 시대의 전쟁 수행에 걸맞은 국방 인재상을 정립해야 한다. 바람직한 인재상을 정하고, 거기에 맞게 우수 인재를 획득하고 양성하는 기조가 국방의 근간이 되는 정책문서에 잘 기술되어 있다. 그러나 여전히 인재의 활용이 아닌 인사의 관리에 집중하는 모습은 아닌지 다시 한번 살펴보아야 한다.

우크라이나가 러시아와의 전쟁에서 러시아는 물론 국제사회를 놀라게 하고 있다. 그 원동력은 과학적 소양을 갖춘 리더들과 군 관계관들의 역할이다. 대표적인 인사가 부총리 겸 디지털 혁신 장관인 미하일 페도로프(Mikhail Fedorov)다.

페도로프(Fedorov) 부총리의 나이가 32세이니 전쟁이 시작된 2022년에는 31세였다. 전쟁 직전에 우크라이나 정부의 제반 디지털 데이터를 국외로 반출하는 법안을 통과시키고 이를 근거로 해외의 클라우드 서버에 방대한 국가의 디지털 데이터를 보관했다.

러시아의 타격으로 지상에 설치된 통신시설이 모두 파괴되자, 하늘에 떠 있는 통신기지국 역할을 하는 스타링크 시스템의 지원을 미국 스페이스엑스(spaceX) 사의 일론 머스크(Elon Musk)에게 요청했다. 이렇게 하여 전쟁이 시작된 3일째인 2022년 2월 27일에 우크라이나에 스타링크 서비스가 시작되었다. 우크라이나가 드론 활용은 물론 스마트폰을 이용하여 국제사회를 대상으로 효과적인 여론전의 전개가 가능해졌다.

전쟁사 최초의 '드론 전면전'으로 묘사되는 이번 전쟁에서 우크라이나군의 드론 활용은 매우 성공적이다. 우크라이나군에서 드론전을 수행하는 많은 구성원이 전쟁 이전에 정보통신 분야에서 일하던 사람들이다. 이들이 자신이 보유한 장비와 기술을 갖고 자원입대하여 드론부대를 구성했다.

과학적인 소양을 갖춘 군사 분야 인재가 이렇게 중요한 시대가 되었다. 과학적 소양을 바탕으로 전쟁 기획 능력을 갖추 군의 인재를 양성하기 위해서는 적절한 범위에서 엘리트를 선발하고 집중적으로 투자해야 한다.

육군의 경우 병과의 벽을 허물어야 한다. 보병이나 포병병과 장교가 아니면 장성이 되어도 야전지휘관을 하기 어렵다. 미군의 전투병과 장교들은 본인이 역량을 갖추면 야전지휘관으로 보직된다. 미군처럼 다양한 병과에서 장성급 야전지휘관이 나와야 한다. 임관할 때 결정된 병과라는 유리 천장에 군이라는 조직이 그리고 개인 스스로가 갇히는 것은 군의 손실이다.

인재의 양성 차원에서는 일본의 자위대에서 적용하는 인사 제도도 참고할 필요가 있다. 일본은 소령 정도의 계급에서 병과 구분 없이 우수한 인원들을 선발하여 전쟁 기획 등 전문적인 교육을 한다. 이런 교육을 받은 장교들은 합참을 포함한 주요 부서에 보직하여 경험을 쌓도록 관리한다.

여기에 선발되지 않은 인원 중에서 대대장, 연대장을 통해 우수하고, 늦지만 정책 전략 분야에서 능력을 갖춘 인원은 이미 선발되어 관리되었던 인원들과 동등하게 장군으로 진급시키고 중요 직위에 보직한다.

우수 인재를 흡수하고 발전시켜야 군이 경쟁력을 갖춘 조직이 된다. 여전히 관건은 사람이다.

군 업무의 민영화 확대

군 업무의 민영화의 속도와 범위를 대폭 확대하여 군 본연의 임무 수행 여건을 보장해야 한다. 병역자원이 점차 줄어들고 있다. 이와 연계하여 군은 일부 기능의 민영화를 하고 있다. 하지만, 민영화의 범위와 속도가 충분하지 않다.

운전 교육, 보급, 정비, 식사 준비, 훈련장 관리, 교육, 복지와 서비스 등의 기능을 여전히 군이 직접 수행하고 있다. 여기에 투입되는 인력이 많다. 소요되는 돈을 사람으로 채우는 형국이다.

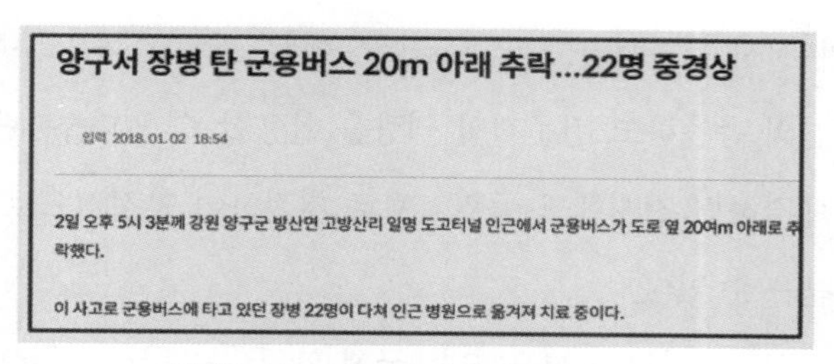
양구서 장병 탄 군용버스 20m 아래 추락...22명 중경상

입력 2018.01.02 18:54

2일 오후 5시 3분께 강원 양구군 방산면 고방산리 일명 도고터널 인근에서 군용버스가 도로 옆 20여m 아래로 추락했다.

이 사고로 군용버스에 타고 있던 장병 22명이 다쳐 인근 병원으로 옮겨져 치료 중이다.

최전방 양구 지역의 대형버스 추락사고
(『국방일보』(2018.1.2.))

평시와 전시 군에 필요한 운전병 양성을 위한 교육도 충분히 민간에 위탁할 수 있다. 보급과 정비도 전방 일부 지역을 제외하고는 과감하게 민간 인프라를 활용해야 한다. 해당 업체를 동원업체로 지정하여 전시에도 변함없이 활용할 수 있도록 하면 된다.

군의 전시 급식 지원체계를 보면, 아직도 취사 트레일러로 밥을 지어 식관통으로 추진하는 개념이다. 현재 병사 1일 급식비가 13,000원이다. 여기에 부식차 운용, 관리인력, 취사 인력을 고려하면 투입되는 급식비는 1일 20,000원 이상이다.

이러한 예산을 가지고 적정 수준의 부대 단위로 외부 업체와 협약하여 급식의 제공이 가능하다. 전시에도 안정적으로 지원할 수 있도록 협약한다면 경제발전과 전투 병력 위주의 군 운용이 가능해질 것이다.

식사 준비도 민간 인프라를 활용한 밥 공장 형태의 지원도 가능하다. 전방 작전부대도 인근의 지역식당을 활용하면 지방자치단체와 연계하여 급식 서비스를 받을 수 있다.

평시와 전시 물자보급도 군 보급계통에서 모든 기능을 수행하기보다는 민간의 촘촘하고 전문적인 역량을 활용할 수 있다. 관련 업체와 협약을 체결하면 전시에도 동원업체로 지정하여 안정적으로 물류 서비스를 받을 수 있다.

정비체계의 민영화도 필요하다. 군에 도입되는 장비는 늘어나고 있으며, 장비의 정밀도는 더 커지고 있다. 군에서 이러한 장비를 정비할 수 있는 전문 요원의 확보가 쉽지 않다. 야전 부대에서의 정비에 어려움이 커지고 있다.

적절한 역량을 갖춘 민간 기업과 협약하여 군단에 1~2개의 정비소를 운영할 수 있다. 평시에는 장비를 관리 및 정비해 주고, 전시 운용까지도 담당한다면 야전 부대의 부담이 크게 줄어들 것이다.

대규모 훈련장도 지금은 군인들이 관리하고 있다. 훈련장 관리공단을 설립하여 전문성도 높이고 현역들은 전투 임무에 집중하도록 조정이 가능하다. 교육훈련 기능의 일부도 민영화가 가능하다.

미국 육군의 ROTC 교육은 민영화되어 있다. 이러한 개념을 적용하면 우리 군도 직접 교육기관을 운영하는 대신에 민간의 인프라를 활용하여 전투에 전념하는 구조로 만들 수 있다.

기존의 접근을 뛰어넘어서 과감하게 민영화를 해야 한다. 이러한 민영화를 전시 동원 운영계획에 반영하여 전시 서비스에 대한 우려를 없애야 한다. 이렇게 되면, 예산 절감도 가능하다. 절감된 인력은 전투 분야로 전환하여 전투력을 강화할 수 있다.

민영화된 업무는 전문성이 높아져서 서비스의 수준이 높아진다. 무엇보다도 군이 본연의 임무에 집중할 수 있는 여건이 조성된다.

수준 높은 전문성이 요구되는 군사 분야의 민간 인프라 활용도 가능하다. 우주 영역에서의 군사작전의 예를 들어 보자. 우주 영역에서의 감시정찰은 영상, 신호 첩보를 수집하는 방법이 일상적이다. 우주에서 위성 영상을 획득하는 가장 좋은 방법은 우리 군이 영상 획득이 가능한 충분한 군사위성을 직접 운용하는 것이다. 그런데 관건은 우리의 국력과 경제력이다. 우리 처지에 맞는 전략의 구상이 필요하다.

국내외 위성영상 획득과 분석 역량을 갖춘 기업이 많다. 미국 지리정보국(NGA, National Geospatial-Intelligence Agency)도 위성에서의 감시정찰을 위한 영상 획득과 분석 과정에서 민간 인프라를 효과적으로 활용하고 있다. NGA는 1주일에 5만 장 이상의 위성영상을 획득한다. 이러한 영상은 미군이 보유한 군사위성은 물론 맥사(MAXAR)를 포함한 민간 기업에서 운영하는 위성에서 촬영한 영상을 받아서 활용한다.

이러한 영상의 분석도 마찬가지다. 민간의 분석 서비스를 함께 활용하여 분석한다. 아마존의 웹서비스 활용이 대표적이다. 아마존 웹서비스는 클라우드 서비스를 제공하여 방대한 우주 영역에서의 감시정찰 첩보를 저장하고 분석하는 서비스를 미군에 제공하고 있다. 우리 군도 우주에서의 감시정찰 분야에서까지 민간 인프라의 활용이 모색되어야 한다.

미국이라는 동맹의 위성 분야 군사 역량도 활용하고 필요하면 우방국의 위성 분야 군사 역량도 활용해야 한다. 국익과 국방전략의 핵심 역량이 침해되지 않는 범위에서 동맹국과 우방국 우주 역량을 활용하는 지혜도 필요하다.

물론 이러한 민영화의 추진 과정에서 전투력 공백이 발생하지 않아야 한다. 시범사업, 단계화 추진 등으로 시행착오를 최소화하면서 연착륙해야 한다. 중단이 없는 서비스 제공을 어떻게 보장할지, 비용 상승의 여지는 없는지 등의 예상되는 제안사항에 대한 검토와 사전 조치도 필요하다.

민영화 추진 과정에서 제한사항이나 어려움에 직면할 수 있지만, 그런데도 군이 수행하는 많은 기능의 민영화는 반드시 진행되어야 한다.

군무원 운영에 대한 중간 검토와 조치

국방개혁의 목적으로 급격하게 증가한 군무원의 운영에 대해서도 면밀한 중간 검토와 조치가 필요하다. 국방개혁의 핵심은 양적 전투력 위주의 군대에서 질적 전투력 위주의 군대로의 변환이다. 상비전력의 구성 분야에서의 주안은 상비병력의 규모를 줄이면서 간부와 군무원을 증원하여 전투력을 질적으로 높이는 것이다. 이 계획에 따라 2017년에 국방 전체 인력의 4.7%를 차지하던 민간인력이 2022년에는 11%로 증가했으며, 2023년에는 11.3%를 차지할 예정이다.

전차궤도 정비 군무원 모습
(『국방일보』(2021.5.17.))

군무원 증원의 목적은 한자리에서 임무를 수행하는 인원의 연속성을 보장하고 전문성을 높이는 것이다. 분야별 전문가의 맞춤형 충원으로 업무의 연속성이 유지되고 있다. 군무원이 수행하는 업무의 전문성도 높아지고 있다. 국방개혁에서 의도한 목적은 어느 정도 충족이 되고 있다. 그런데 전투부대를 중심으로 군무원이 많이 보직된 부대에서 여러 가지의 제한사항이 식별되고 있다.

먼저 군무원의 법적 신분에서 오는 제한사항이 있다. 군무원의 법적 신분이 비전투원이라는 것이다. 그래서 전투와 직접 관련된 행위가 어려운 상황이다.

군수부대를 예로 들어보면, 전체 구성원 중에서 군무원이 차지하는 비율이 다른 부대보다 상대적으로 높다. 비전투원은 무기를 휴대할 수 없다. 현역 간부들은 평상시 당직 근무도 수행하고, 유사시 경계작전에도 투입될 수 있다. 유사시 병력이나 물자의 호송을 담당하는 간부는 전투 장비를 휴대해야 한다. 임무 수행 과정에서 적과의 교전이 발생할 수 있기 때문이다.

현역 간부가 전투 장비를 휴대한 상태에서 수행하거나 수행해야 할 임무를 군무원이 수행할 수 없다. 이 과정에서 어려움이 발생한다. 전투행위를 하지 않는 부대라면 영향이 없을 수 있다. 직간접적으로 전투 임무를 수행하는 부대는 상황이 다르다. 부대에서 군무원이 차지하는 비율이 낮으면 나머지 현역 간부들이 역할을 나누어 수행하면 된다. 그런데 부대에서 군무원이 차지하는 비율이 높으면 문제는 심각해진다.

군무원 급증에 부합되는 제도의 정비도 충분하지 않다. 국방부를 중심으로 지속적인 제도의 발전이 진행되고 있다. 군무원이 보직되는 직책 중에는 군에 대한 축적된 경험과 전문성이 요구되는 직책이 많다. 이러한 직책에 병사로 복무한 경험도 없는 인원이 군무원으로서 보직되어 임무를 수행하는 사례도 있다.

이런 상황에서는 보직된 군무원 개인도 초기 임무 수행에 많은 어려움을 느낀다. 부대는 부대대로 군 경험의 부족에 따른 업무의 공백 발생에 대한 우려가 커진다. 이러한 상황에서 임무를 수행하다가 현장에서의 괴리감으로 인해 군을 떠나는 군무원도 종종 발생한다.

군무원 급증에 걸맞은 시설의 확보도 어려움이다. 예를 들어, 여성 군무원이 많이 증가하면 여성 전용 시설의 수요가 증가한다. 현재의 법규에 따르면 군무원에게는 군 관사 지급이 안 되게 되어 있다. 숙소 문제를 군무원 본인이 해결해야 한다. 민간에 가용한 숙소 시설이 충분하지 않은 일부 전방 지역은 숙소를 구하기가 쉽지 않다.

반면에 민간에 가용한 숙소 시설이 충분한 대도시에서의 숙소 마련에는 경제적인 부담이 커진다. 숙소를 포함한 생활의 불편함과 소득 대비 경제적 부담을 크게 느끼면서 그만두는 군무원도 종종 발생한다.

군무원 인재 관리 제도의 발전도 필요하다. 인력의 급증으로 예전에 없던 인재 관리의 전반적인 소요가 증가하고 있다. 여기에 대한 제도적 접근이 늦다. 예를 들어, 군무원 규모가 증가하다 보니 지역별 순환 근무의 필요성이 제기된다. 현역 간부의 순환보직과 연계하면서 군무원의 순환보직 관련 제도를 마련해야 하므로 쉽지 않은 사안이다. 다행히 국방부를 중심으로 전담 조직과 인력을 계속 늘려 가고 있다.

또한 국방부를 중심으로 군무원 급증 과정에서 식별되는 제한사항을 식별하여 발전시켜 나가고 있다. 국방부는 20129년에 '군무원 종합발전계획'을 수립하여 조직·정원, 채용, 처우 개선, 인사 관리, 교육체계의 5가지 분야의 추진과제를 정하여 추진하고 있다.

그런데 대응과 추진 속도가 늦다. 군무원이 실제로 복무하고 있는 야전 부대에서 해결이 제한되는 사안이 대부분이다. 국방부를 중심으로 정책을 입안하고 속도감 있게 시행하는 부대 차원의 조치가 필요하다.

먼저, 관련 법규와 제도의 정비가 빠르게 진행되어야 한다. 군무원을 지금처럼 계속 비전투원의 신분으로 유지할 것인지, 일부 직책에 대해서는 제한적으로 전투행위를 하도록 할 것인지 결정하고 이를 법제화해야 한다.

군무원의 무기류 지급은 어떻게 할 것인지, 복장은 어떻게 할 것인지, 어느 범위까지 평상시이고 전시 과업인지 범위를 정해 주어야 한다. 야전 부대에서 알아서 개별적으로 적용하거나 고민하게 하는 상황이 지속되면 안 된다. 법규의 정비에 시간이 많이 소요된다면, 행정명령이나 내규, 예규를 정비해서라도 법적이고 제도적인 조치를 해야 한다. 이러한 법제화 과정은 군무원들의 권리와 의무사항에 대한 균형감각을 유지하는 방향으로 진행되어야 할 것이다.

관련 시설의 확보도 단기적인 조치와 장기적인 조치로 구분하여 시행되어야 한다. 단기적으로는 지방자치단체나 지역 사회와 연계하거나, 긴급하게 예산을 투입하여 임시적인 조치라도 해 주어야 한다. 장기적으로는 예산에 반영하여 근본적인 처방이 되어야 한다.

아울러 인재 관리 제도를 발전시켜야 한다. 현역 인재 관리 제도를 준용하되, 군무원들의 의견을 충분히 반영하여 현실성이 있고 구성원이 공감하는 제도를 만들어서 적용해야 한다. 구성원 모두를 만족하게 하는 제도의 마련이 참으로 어렵다. 마냥 시간을 끌기보다는 이 사안도 단기적인 조치와 장기적인 조치로 구분하여 접근해서라도 현장에서의 어려움을 정책적인 차원에서 조치해 주어야 한다.

군무원으로 선발된 후에 임용을 위해 대기하는 기간이 있다. 이 기간에 민간인에서 군무원으로의 전환에 필요한 기본적인 사안을 가르쳐 주는 '신분화 교육'이 필요하다. 이렇게 '신분화 교육'을 하면 새로 임용되는 군무원들의 초기 적응력 향상에 많이 도움이 될 것이다.

국방부장관과 합참의장의 지휘 부담 경감

국방부와 합참이 직할부대를 직접 지휘하는 체제의 효율성을 검토해야 한다. 국방부 본부가 직접 지휘하거나 지도, 감독하는 기관이 너무 많다. 「2022 국방백서」의 조직도를 보면 국직부대와 기관이 총 26개이다. 합참의장이 직접 지휘하거나 지도, 감독하는 부대도 많다. 국방부 장관과 합참의장의 본연의 임무 수행 여건을 침해할 우려가 있다.

국방부 본부와 합참이 수행해야 할 임무가 많아서 이렇게 많은 직할 기관을 직접 지휘하고 감독하기가 쉽지 않다. 지휘·감독할 여력도 부족하다. 직할 기관들은 대부분 특정한 기능을 수행한다. 이러한 기능을 민영화하는 방안을 검토해야 한다. 민영화가 제한되는 분야는 별도의 전담 기관을 설립하여 기능을 수행하도록 해야 한다. 국방부장관과 합참의장의 지휘 부담을 줄여 주어야 한다. 그래야 정말로 중요한 일에 집중할 수 있다.

최근에 국방부에 소속된 군 골프장 근로자들이 파업했다. 국방부의 관련 실장과 장관이 이 문제에 대해 신경을 쓰고 부담을 갖는 모습을 보았다. 국방부 소속 골프장 운영을 전담하는 기관을 설립하여 책임제로 운영해야 한다. 그러면 자연스럽게 국방부 장관과 인사복지실장은 여기로부터 자유로워져서 본연의 임무에 집중할 수 있다.

이 분야도 법규의 정비와 예산의 투입이 수반된다. 그래서 국민의 지원과 동의가 필요하다.

군대 내 복지, 복무 여건의 불균형 해소

사기와 복지, 복무 여건의 불균형을 해소해야 한다. 우리 군의 사기와 복지, 복무 여건은 지속해서 발전해 왔다. 이 분야에 사용되는 예산도 증가하고 있다. 병사들에게 금전적으로 주어지는 돈의 합계가 한 달에 200만 원이 될 예정이다. 과거에 군 복무를 했던 사람들은 격세지

감을 느낀다.

문제는 군대 내 사기와 복지, 복무 여건이 균형적이지 않다는 것이다. 군별, 근무지별, 신분별 복무 여건과 복지의 불균형이 크다. 같은 지역에 육군, 해군, 공군부대가 주둔할 때 3개 부대의 여건에서도 차이가 크다. 당연히 육군의 여건이 상대적으로 열악하다.

육군 안에서도 불균형이 크다. 강원도 접경 지역의 최전방 부대, 서울에 있는 부대, 대전에 있는 부대의 복무 여건과 복지도 비교해 보면 불균등한 것을 알 수 있다. 그중에서도 강원도 접경 지역에 있는 최전방 부대의 복무 여건이 제일 열악하다.

중부전선 GOP 철책
(『국방일보』(2022.11.29.))

병사들의 경우 국민의 의무를 이행하기 위해서 군에 입대했다. 그런데 어떤 사람은 운이 좋아서 좋은 여건에서 복무하고, 어떤 사람은 운이 안 좋아서 여건이 좋지 않은 곳에서 군 생활을 한다.

이제는 이러한 불균형의 해소 방안도 모색해야 한다. 그래야 균형적인 전투력 발휘가 가능하다.

최소한 동등한 여건이 되도록 대책을 마련해야 한다. 이 과정에서 국민의 동참도 중요하다.

우리보다 20배 많은 국방 예산을 투입하는 미군의 복무 여건은 당연히 우리보다 좋다. 그런데도 미국 국민이 군인을 위해 비영리단체를 구성하여 봉사한다. USO(United Service Organizations)가 바로 그 단체이다. 우리나라도 한국판 USO를 만들어서 군이 채우지 못하는 부분을 국민이 채워 주어야 한다.

국방의 전문화

'국방의 정치화'를 '국방의 전문화'로 바꿔야 한다. 국방의 정치화가 군인의 정치적 중립을 훼손하고 전문성을 갖춘 군인의 육성에 부정적인 영향을 미친다. 대통령의 국군 통수를 보좌하기 위해서 국가안보실에 파견되는 현역에 대한 간섭과 조치가 여기에 해당한다.

대통령의 국군 통수를 보좌하기 위해서 국가안보실에 현역 군인이 파견된다. 이들은 상부의 명령에 따라 선발되어 대통령을 보좌하는 역할을 한다. 그런데 정부가 바뀌면 이전 정부에 추종한 군인으로 분류

된다. 정치적인 갈래 치기는 해당 군인들의 인사와 연결된다. 이러한 행태가 거의 5년마다 반복된다.

참으로 비이성적인 부분은, 그러한 갈래 치기의 반복에도 불구하고 국가안보실의 요청으로 가장 임무 수행 역량이 높다고 평가되는 현역 군인을 국방부가 계속해서 안보실에 파견 보내고 있다는 사실이다.

이제는 두 가지 중 하나를 선택해야 할 시점이다. 선택지 하나는 현역 군인을 안보실에 보내지 않는 것이다. 필요하면 안보실 근무를 희망하는 현역을 전역시켜서 보내야 한다. 두 번째 선택지는 현역을 어쩔 수 없이 안보실에 보내기로 했다면, 더 현역 군인들을 정치화하면 안 된다. 이러한 행태의 반복은 현역에 있는 군 간부들에게 부정적인 학습효과를 줄 수 있다.

국방의 정치화에서 국방의 전문화로 전환이 필요하다. 전문화로 전환하기 위해서는 정치권의 현역 군인에 대한 인식이 달라져야 한다. 국방부 장관을 포함한 군 수뇌부가 이러한 비이성적인 행태의 반복을 끝내야 한다. 운에 의한 군 생활이 더 중요하다는 학습이 되지 않도록 해야 한다. 전쟁은 사람이 한다. 그래서 국방의 전문화가 중요하다.

간접전투 경험 기회 확대

군의 간접전투 경험 기회를 확대하여 전투 역량을 높여야 한다. 따라서 테러나 무력 분쟁이 발생하는 지역에 '전훈분석단' 파견을 많이 해야 한다.

지구촌에 분쟁 지역은 많고 테러나 무력 충돌의 발생 빈도도 여전히 높다. 우크라이나는 러시아와 전면전을 하고 있다. 필리핀에서는 반군과의 전투가 계속되고 있다. 이라크는 IS와 전투를 지속하고 있다. 예멘에서의 전쟁에도 아랍의 여러 나라의 군대가 참여하고 있다. 이스라엘과 하마스, 헤즈볼라의 무력 분쟁도 계속 발생하고 있다. 인도에서는 파키스탄, 중국과 국경에서 간헐적으로 무력 충돌이 발생한다. 남미의 콜롬비아도 반군 작전을 계속하고 있다.

전투 역량을 키우는 데는 무력 분쟁이 발생하는 지역에 전투병을 파병하여 직접 전투를 경험하는 방안이 제일 효과적이다. 하지만 법적인 통제, 소요 시간과 비용, 국민의 여론 등을 고려할 때 다른 나라의 무력 분쟁 지역에 전투병을 파병하는 것은 현실적으로 매우 어렵다.

하지만 파병 대신에 전훈분석단이나 현장견학단 운영은 가능하다. 소규모로, 수시로, 짧은 기간 현장을 다녀오는 방법이다. 직접 전투에 참여하는 방안과는 비교가 되지 않지만, 그래도 시행하지 않는 것보다 효과가 있을 것이다. 전투나 분쟁을 경험했거나 경험하고 있는 외국 군대와의 연합훈련을 확대하여 간접적으로 전투 경험을 쌓아야 한다.

지금도 우리 군은 한미연합훈련을 포함하여 외국의 군대와 다양한 연합훈련을 하고 있다. 여기에 전투를 수행한 경험이 있는 국가들과의 훈련을 확대해야 한다. 미군이 주도하는 연합훈련에 수동적으로 동참하기보다 한국군이 참여를 주도해야 한다. 연합훈련의 대상 국가도 지역별로 무력 분쟁의 경험이 있는 국가로 다변화해야 한다. 이러한 연합훈련의 확대를 군 간부들의 간접적인 전투 체험의 효과를 얻어야 한다.

동맹이나 우방국 군인 중에서 전투 유경험자를 초빙한 간접 체험 교육도 시도해야 한다. 소부대에서 대부대까지 연합훈련을 할 때 특별히 전투 유경험자를 초빙한 간접 체험 교육을 다양하게 해야 한다.

예를 들어 승진훈련장에서 미군과 연합훈련을 할 경우, 훈련부대 미군 중에서 아프가니스탄이나 이라크 전투 경험자를 부대의 간부교육에 초빙하여 현장 교육을 할 수 있다. 충분하지는 않지만, 그래도 전투를 간접적으로 경험해 보는 기회가 될 수 있다.

대한민국 안보보험의 hard power 현주소

2023년 민간 연구기관인 글로벌파이어파워(global firepower)의 평가를 보면, 대한민국의 군사력은 세계 6위이다. 중국과 러시아보다 낮지만, 34위인 북한보다 앞서고 8위인 일본보다 앞선다.

세계 군사력 순위 한국 6위, 북한 25위

입력 2020.07.21 16:52 업데이트 2020.07.21 16:59

미국의 군사력평가기관 글로벌파이어파워(GFP)가 내놓은 2020년 국가별 군사력 순위에서 한국이 6위를 차지했다.

21일 GFP 홈페이지를 보면 한국의 올해 군사력 평가지수는 0.1509로 전체 138개국 가운데 6번째였다. 지난해 7위보다 한 단계 올랐다.

글로벌파이어파워의 군사력 순위
(『국방일보』(2020.7.21.))

물론, 군사력 평가의 객관적인 기준은 없다. 그래서 평가하는 기관별로 평가 요소가 다르고, 결과도 다르다. 위의 이미지에 제시된 순위만을 고려하면 우리나라의 hard power는 괜찮은 수준이다.

실제로 몇 가지 군사 능력을 살펴보면, 한국군의 역량은 매우 우수하다. 먼저 전략적 수준의 군사 능력인 미사일 능력을 보자. 언론 보도를 보면, 한국군은 전략적 수준의 능력을 갖춘 탄도미사일은 물론 순항미사일과 관련된 기술을 보유하고 있다. 세계에서 7번째로 잠수함발사탄도미사일(SLBM) 개발에도 성공하였다.

도산안창호함 잠수함에서 SLBM 시험발사
(『국방일보』(2021.9.16.))

2021년에 대한민국의 독자적인 미사일 능력 확충의 범위를 제한해오던 '한미 미사일 지침 협정'이 폐지되었다. 당시 미국을 방문한 문재인 전 대통령은 2021년 5월 21일에 백악관에서 바이든 미국 대통령과의 정상회담 공동기자회견에서 이 사실을 밝혔다.

'한미 미사일 지침 협정' 종료와 함의
KIMA 뉴스레터 1006호(한국군사문제연구원 발행)

2017년 7월 합동 정밀타격훈련에서 현무 미사일이 동해상의 표적지를 향해 발사되고 있다. 국방일보 이경원 기자.

지난 5월 21일 한국과 미국 양국 대통령은 워싱턴에서 개최된 한미 정상회담에서 1979년 10월에 한국의 미사일을 사거리 180㎞와 탄두중량 500kg으로 제한하기로 합의한 '한미 미사일 지침 협정'을 5월 21일부로 종료(end)하기로 하였다.

2021년 정상회담
(「'한미 미사일 지침 협정 종료' 합의」 『국방일보』(2021.6.1.))

연구 목적에 한해서긴 하지만 대한민국은 이제 사거리 1만 km 이상의 대륙간탄도미사일(ICBM) 개발도 가능하다. 그동안은 '한미 미사일 지침 협정' 지침에 따라 사거리 800km 이상의 미사일 개발이 제한되었었다.

국방부는 앞으로 공중과 해상에서 우주 발사체를 운용할 수 있는 다양한 플랫폼을 개발할 예정이라고 밝혔다. 미사일을 연구하는 국방과학연구소는 미사일 관련 조직을 확대하였다. 대륙간탄도미사일 수준의 미사일 개발도 시간문제이다.

전술적 수준에서도 대한민국은 세계적인 수준의 첨단과학화된 군사 능력을 갖추고 있다. 공군은 5세대 전투기인 F-35를 40대 이상 보유하고 있다. 자체 생산하는 4.5세대 전투기가 곧 우리 영공을 누비게 된다. 차세대 한국형 전투기에는 우리가 개발한 레이더가 탑재된다. KF-21에 탑재할 AESA 레이더가 국내에서 개발되어 이미 잠정 전투용 적합 판정을 받은 상태이다. 공중조기경보기와 공중급유기도 운영하여 영공에서 북한 공군과 비교하여 압도적인 역량을 발휘할 수 있다.

KF-21 시제5호기 비행 모습
(『국방일보』(2023.5.16.))

해군은 이지스함으로 구성된 기동함대를 운영하고 있다. 3,000톤급 잠수함을 보유하여 SLBM의 탑재도 가능하다. 경항모급 대형 상륙함인 독도함도 있다. 아덴만에 청해부대를 파견하여 지속해서 실전 경험을 축적하고 있다.

3,000톤급 잠수함 제원
(『국방일보』(2023.3.30.))

육군은 재래식 무기체계인 최첨단 헬기, 전차, 자주포, 다련장포를 운영하고 있다. 대한민국이 개발하여 운영되고 있는 최첨단 무기는 다른 나라에 수출되어 무기체계별로 사용자 커뮤니티가 형성되었다. 또한 4차 산업혁명 기술을 접목한 유무인 복합 전투체계도 구축하고 있다. '드론봇전투체계', '워리어플랫폼' 등이 여기에 해당한다.

합참 차원에서는 사이버전과 전자전을 수행할 수 있는 역량을 갖추고 있다. 군사위성을 운용하고 있으며, 모든 무기체계를 연동하여 지휘하고 통제하는 네트워크도 구축되어 있다.

K-방산으로 불리는 우리나라의 방위산업 수준도 높은 편이다. 2022

년에 대한민국의 방위산업 업체는 170억 달러를 수주했다. 2018년부터 2022년까지 기간의 세계시장 점유율은 2.4% 수준으로 이스라엘보다 높다.

한국 최근 5년 방산 수출 74% 급증...세계 9위 기록

입력 2023.03.13 17:32 업데이트 2023.03.13 17:48

SIPRI 보고서, 수출 시장 2.4% 점유
올 이후 탱크·야포 최대 수출국 예상
미 40%로 압도적 1위, 러시아는 추락

지난 5년간 한국의 무기 수출 규모가 무려 74% 증가했다고 스웨덴 싱크탱크인 스톡홀름 국제평화연구소(SIPRI)가 밝혔다.

대한민국 방산 수출 규모
(『국방일보』(2023.3.13.))

안보보험 hard power의 채워야 할 공간들

전투원 필수 장비의 구비

본질적인 무기체계의 준비가 충분하지 않은 분야도 있다. 우리나라는 전차, 장갑차, 자주포, 헬기, 전투기 등 재래식 무기체계를 수출하고 있다. 그런데 조준경, 방탄조끼, 야간투시경 등 개별 전투원에게 필수

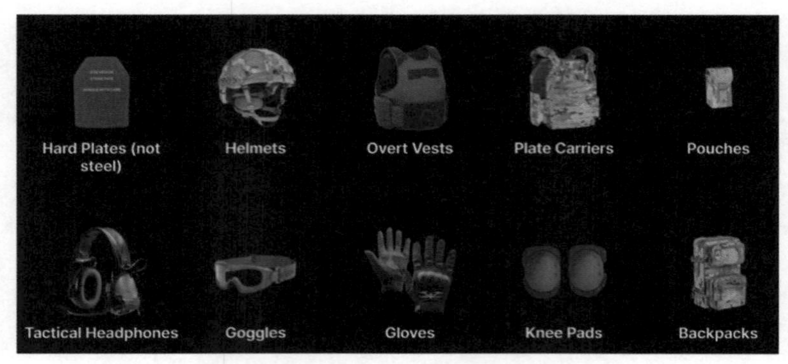

우크라이나군에 보내는 전투 장비류
(https://protect-ukraine.today)

적인 장비의 준비가 충분하지 않다. 매일 외치는 'fight tonight'이 가능하게 하려면 이런 기본적인 사안이 갖추어져야 한다.

우크라이나군의 전투 현장이 언론 보도를 통해서 많이 노출되고 있다. 앞의 그림은 우크라이나군의 기본 전투 장비의 개선현황을 보여주고 있다. 영상이나 사진으로 우크라이나군의 모습을 보면서 우리 군의 전투 장비보다 더 좋아 보인다는 국민의 의견이 많다.

특수부대의 소총 조준경을 예로 들어 보자. 소총의 정확한 조준은 전투원의 전투력 발휘에 매우 중요한 요소이다. 빠르고 정확하게 조준하여 명중률을 높이기 위해서 조준경을 장착하여 사격에 활용한다.

예전에는 아래 사진과 같이 최정예 부대를 자부하는 특수부대의 훈련 장면이 종종 군의 홍보자료에 등장하곤 했다. 일반인의 시각으로 보면 참으로 용맹스럽고 든든해 보인다. 그런데 군에 대해서 조금의

특수부대 해상침투훈련 모습
(『국방일보』(2022.8.3.))

지식이 있는 사람의 눈에는 그렇게 보이지 않는다. 조준경이 없는 소총을 휴대하고 있기 때문이다. 특수부대에서는 전투원 한 명의 능력이 매우 중요한 역할을 한다. 특수임무를 수행하는 요원의 소총에 조준경이 장착되어 있지 않다는 것은 상상하기 어렵다.

대한민국의 특수부대 훈련 사진과 비교가 되도록 외국의 특수부대원 소총을 함께 제시했다. 프랑스의 특수부대이다. 휴대한 소총에 조준장치가 잘 부착되어 있다. 조준장치가 부착되지 않은 소총을 사용하는 외국의 특수부대를 찾아보기 힘들다.

프랑스군 특수부대 소총의 조준장치
(www.defense.gouv.fr/operations/point-situation-operations/point-situation-operations-du-vendredi-15-au-jeudi-21-avril-2022)

물론 지금 우리 군의 특수부대는 이러한 조준장치를 모두 갖추고 있을 것이다. 그러나 일반 부대에서는 아직도 조준장치를 갖추지 못한 경우가 많다. 왜 그럴까? 절실함의 부족과 목적의식이 약한 군대 운영이 원인이라고 생각한다. 기본이 갖추어지지 않은 군대는 승리할 수 없다는 절실함을 갖고, 싸워 이기는 군대를 위한 장비와 물자의 준비가 되어야 한다.

조준경이 단순한 하나의 장비 같지만, 조준경의 유무가 장병의 생명을 결정한다. 전장에서 전투원의 생명은 곧 국가의 생존과 관련된 중요한 요소이다. 전투력 발휘의 기초가 되는 장비를 신속하게 보강해야 한다.

육군의 경우 개별 전투원이 중요한 전투의 플랫폼이다. 그래서 개별 전투원의 전투 장비와 물자가 중요하다. 다행스럽게 몇 년 전부터 '워리어플랫폼'이라는 이름으로 육군이 개인 전투 장비와 물자를 첨단 장비와 물자로 다시 갖추고 있다.

그런데 '워리어플랫폼'을 갖추는 속도가 너무 느리다. 육군 전체를 대상으로 신속하게 장비와 물자를 갖춰야 한다. 그래야 지금 군에서 입만 열면 얘기하는 'fight tonight'이 가능한 군대가 된다.

예비전력의 실질적인 전투력 발휘방안 모색

전시 작전계획의 시행에 필요한 예비전력의 전투력 발휘에 대한 근본적인 고민도 요구된다.

전시 상황에서 작전계획을 시행하려면 상비군만으로는 안 된다. 우리 군은 예비군이 동원되어 충원되어야 전면전 수행이 가능한 구조이다. 그래서 평소에 예비군을 편성하고 주기적으로 훈련한다. 예비군이 사용할 장비도 관리하고 물자도 유지한다. 전쟁을 지원할 정부의 기능별 계획도 수립하고 훈련도 한다.

국가 차원에서 보면, 상비전력과 예비전력의 황금비율 유지가 관건이다. 상비전력이 차지하는 비율이 높을수록 예산이 많이 소요되고, 예비전력의 비율이 높을수록 유사시 즉각적인 전투력 발휘가 제한되는 구조이다. 동원에는 시간이 걸리기 때문이다.

이처럼 중요한 우리나라 예비전력의 훈련, 장비와 물자의 준비가 충분한지를 항상 반문해 보아야 한다. 새로운 무기체계는 항상 상비군에 먼저 도입이 된다. 그리고 상비군이 사용하던 무기체계가 예비전력으로 편성된다. 매년 새로운 기술, 장비, 물자, 전문인력이 계속해서 생겨난다.

이러한 변화가 국가의 동원 운영계획에 반영되어야 한다. 그래야 전쟁이 발생하면 동원계획의 실효성이 높아진다. 이러한 변화의 반영이 신속하게 이루어지고 있는지도 반문해 보아야 한다.

예비군 부대 자체를 보병, 포병, 전차와 같은 재래식 구조에서 사이버, 드론, 전자전으로 재편성하는 접근도 모색해야 한다. 예비군을 재래식 구조로 유지하려고 하면 항상 상비전력이 사용하던 장비를 사용해야 한다. 상비전력이 사용하던 장비나 물자를 예비전력에 넘기던 관행을 재검토해야 한다. 예비전력을 과감하게 4차 산업혁명 기술과 장

동원훈련에 참가한 예비군의 155mm 견인포 사격
(『국방일보』(2023.4.26.))

비로 채운다면 새로운 도약이 가능하다. 예를 들어, 공격용 드론, 정찰용 드론, 수송용 드론 등을 예비전력에 편성하여 평소에 훈련한다면 예비전력이 상비전력의 보조 수단이 아니라 동등한 능력을 보유한 전투력이 될 수 있다.

이와 같은 맥락에서 우리나라의 IT 기업과 인력을 전시에 동원하여 4차 산업혁명 시대 전쟁 수행이 가능한 구조로 예비전력을 재구성해야 한다. 전시에 국가 자산을 동원하여 전쟁 수행에 운영하는 계획의 틀을 근본적으로 바꿔야 한다. 전쟁 직전까지 IT 전문가였던 민간인들이 우크라이나 드론부대의 주축이 되었다. 이들이 전문성을 발휘하고 있는 우크라이나 드론부대의 활약이 '다윗과 골리앗'으로 상정했던 러시아와의 전쟁을 다시 해석하게 하고 있다.

전역한 군인과 민간의 전문가를 통합한 사이버 예비군대대, 드론 예비군대대, 로봇 예비군대대, 전자전 예비군대대 등을 창설하여 운영을 준비한다면 시간과 비용도 훨씬 적게 소요된다. 다가오는 미래전의 디지털과학화 전쟁에서 예비전력이 상비전력에 상응하는 전투력을 발휘할 수 있다.

국방부가 야심 차게 추진하고 있는 상근예비군제도의 확대와 함께 IT 전문가를 상근예비군에 포함해야 한다. 예비전력이 북한을 포함한 우리가 직면하는 위협에 압도적인 우위를 갖도록 해야 한다. 우리나라는 예비전력의 판을 재구축하기에 충분한 IT 인력과 민간 인프라를 갖추고 있다.

평상시 상비전력이 수행하는 기능의 많은 부분을 과감하게 민영화하되, 이러한 민영화된 기능을 동원 운영계획에 반영하여 전시에도 같은 서비스를 받을 수 있는 구조로 발전되어야 한다. 현대전은 총력전으로 전개된다. 국가의 역량이 모두 투입되어야 한다. 관련 법규를 정비하고 계획을 수립하면 이러한 새로운 개념의 접목은 얼마든지 가능하다. 1968년에 예비군이 창설되어 50년이 지났다. 한 단계 도약이 필요하다.

전장 기능별 군사 능력의 불균형 해소방안 강구

전장 기능별 군사 능력의 불균형에 대해서도 살펴보아야 한다.

여기에는 '나무 물통의 법칙'이 적용된다. 독일의 리비히(Justus Freiherr von Liebig)라는 식물학자는 1840년에 질소, 인산, 칼리 등 식물 성장에 필요한 필수 영양소 중에서 성장을 좌우하는 것은 남아도는 요소가 아니라, 가장 부족한 요소에 의해 결정된다는 '최소량의 법칙'을 발견하였다.

이 법칙은 다음의 나무 물통 그림을 보면 쉽게 이해할 수 있다. 그래서 '최소량의 법칙'을 다른 말로 '나무 물통의 법칙'으로 부르기도 한다. 여러 개의 나무판을 잇대어 만든 나무 물통에 채워지는 물의 양은, 가장 높이가 낮은 나무에 의해 결정된다는 법칙이다.

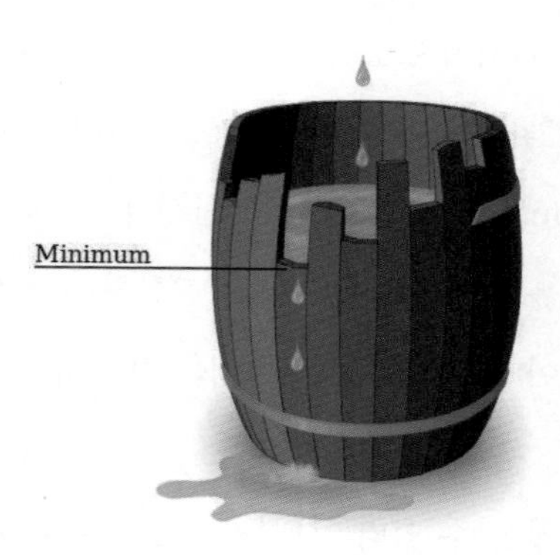

나무 물통의 법칙
(https://en.wikipedia.org/wiki/Liebig%27s_law_of_the_minimum)

만약 물을 더 담으려면 가장 낮은 나무판의 높이를 올려 줘야 한다. 우리 군의 전장 기능별 군사 능력을 나무판으로 비교해 보면, 6가지의 전장 기능의 능력이 모두 같은 또는 유사한 높이인지를 살펴보아야 한다.

전장의 6대 기능은 정보, 기동, 화력, 방호, 지휘·통제·통신, 작전지속지원이다. 그런데 일부 기능은 다른 기능과 비교하면 크기가 많이 낮아 보인다. 정보나 작전지속지원, 지휘통제통신 분야가 여기에 해당한다.

기능별 군사 능력의 세부 내용이나 정량적인 크기는 군 내부적으로 관리하는 사안이라서 알 수가 없다. 하지만 만약 기능별 크기의 격차가 크다면, 우리 군의 전체 능력은 낮아지게 된다. 아무리 특정 기능이 높아도 의미가 별로 없게 된다.

전장 6개 기능의 하나인 지휘통제통신 영역의 나무판 길이도 이런 맥락으로 살펴보아야 한다. 현대전 수행의 핵심 수단의 하나는 C4I(지휘통제체계: Command, Control, Communication, Computer, Intelligence System) 체계다. 지휘·통제·통신 및 정보의 4가지 요소를 유기적으로 통합하고 전산화하여 실시간 작전을 수행할 수 있는 능력이다. 이러한 C4I 체계는 각각의 체계를 연결하는 연동성이 중요하다.

우리나라가 미군의 무기체계보다 우월한 수준을 유지하기가 쉽지 않을 수 있다. 하지만 C4I는 우수한 정보통신기술을 잘 접목하면 세계 최강이 될 수 있다. AI를 포함한 신기술의 접목이 가능한 분야이다.

미군도 여러 가지의 C4I 체계를 사용하고 있다. C4I 체계 하나하나는 우리 군보다 성능이 낮을 수도 있다. 그러나 각각의 능력이 연결되어 전체가 하나의 C4I처럼 작동하는 강점이 있다.

예를 들면, 우리 군이 화력 운용에 사용하는 C4I 체계인 JFOS-K의 성능은 매우 우수하다. 그런데 단일 C4I의 성능은 JFOS-K보다 좋지 않더라도 다른 연관 C4I와 연동이 잘되는 미국의 화력 운용에 사용되는 JADOCS라는 C4I가 더 큰 역할을 할 수 있다.

따라서 현재의 C4I와 같이 한 방향으로 정보가 공유되는 시스템을 점차 data link를 활용한 동시 전파 체계로 전환해야 한다. 그러면 지휘·통제·통신이라는 나무판의 길이가 높아져서 우리 군의 전장 6대 기능 전체의 높이가 올라갈 수 있다.

전장의 영역별 능력의 크기도 이런 맥락으로 접근해야 한다. 지상 영역, 해상 영역, 공중 영역, 우주 영역, 사이버 영역, 전기와 자기 영역, 인지 영역 등의 크기를 살펴보아야 한다. 여기에도 '나무 물통의 법칙'이 적용될 것이다.

물리적으로 나타나는 유형의 전력과 무형의 전력 체계도 균형적이지 않다. 우리 군이 사용하는 전투기, 전차, 야포 등의 무기체계는 많이 발전되었다. 우수한 성능을 인정받아서 수출도 많이 하고 있다. 이제는 이러한 무기체계의 효과를 극대화하기 위한 노력이 필요하다.

미국은 개별 무기체계의 효과를 분석하고, 적의 시설이나 부대에 어떤 무기로 어떻게 공격할 것인가를 연구한다. 우리 군도 이제는 이런 조직과 역량을 갖추어 이 분야에서의 균형도 맞추어 가야 한다.

이러한 균형의 관점에서 보면, 국방 예산의 정량적인 증액만큼이나 효율적인 배분도 중요하다. 표적을 타격할 수 있는 자산이 아무리 많아도 효과적으로 표적이 획득되지 않으면 타격 자산은 의미가 없게 된다. 전장 6대 기능의 균형은 그래서 중요하다.

4차 산업혁명 기술의 신속한 접목

4차 산업혁명 기술을 국방 분야에 접목하는 속도도 더 높여야 한다.

서울 영공을 침범한 북한의 소형 드론의 사례를 보자.

2022년 12월에 북한의 소형 드론이 우리 영공을 침범하여 서울 용산의 대통령실 인근까지 다녀갔다. 군은 전투기와 공격헬기까지 출동하고 대응 사격도 했지만, 칭찬은 받지 못했다. 정부는 부랴부랴 드론 대응 관련 사령부인 '합동 드론전략사령부'를 창설하고 스텔스 드론을 개발하는 등 후속 조치에 분주하다.

북한 소형 드론의 영공 침범(2022.12.26.) 경로
(합동참모본부)

북한 소형 드론에 대한 대응은 북한군의 4차 산업혁명 시대의 창에 우리 군이 3차 산업혁명 시대 방패로 맞선 모습이다. 이렇게 맞선 결과는 명확하다. 당연히 성공하기 어렵다. 북한의 소형무인기 대응의 필요성과 대응의 실패가 처음이 아니기 때문이다.

2017년에 북한의 소형무인기가 성주에 있는 미군 사드 기지를 촬영했지만 우리는 모르고 있었다. 우리 영공을 침범한 북한의 소형무인기로 추정되는 항적에 대한 대응도 처음이 아니었다. 그래서 필요성은 이미 충분하게 공감된 상태이다.

지금처럼 정부 차원의 대응 노력을 안 하는 것도 아니다. 정부는 드론을 8대 신성장 기술로 정한 지 오래다. 신속한 드론부대 창설을 포함한 4차 산업혁명 시대에 걸맞은 창과 방패를 지속해서 군에게 요구했다. 국방 예산도 연 5% 이상 증액해 주었다. 그런데 아직도 4차 산업혁명 시대에 맞는 창과 방패는 충분하지 않다.

군의 영역은 창과 방패 대결의 연속이다. 4차 산업혁명 시대 창과 방패의 대결에서 관건은 속도다. 책임의 회피를 먼저 생각하는 관료주의, 자신이 속한 조직에 미치는 불이익을 먼저 생각하는 조직 이기주의에서 벗어나야 한다. 이 둘이 속도 발휘를 막고 있기 때문이다.

우크라이나 전쟁은 이미 4차 산업혁명 기술 기반의 싸움을 보여 주고 있다. 취미용 드론 한 대로 러시아군의 전차를 정지시키고 파괴했다. 우크라이나군은 드론을 이용하여 수백 대의 전차와 수천 대의 장갑차를 파괴했다. 우주가 지상군 싸움터의 가장 높은 고지가 되었다. 더 주변에 있는 높은 산이 지상군의 고지가 아니다.

예멘 반군은 2021년에 조잡한 수준의 자폭 드론으로 사우디 정유시설을 공격하여 전체 정유시설의 5%를 마비시켰다. 이는 국제 유가가 급증하는 결과를 가져왔다.

이처럼 드론이 전장에서 최고의 가성비를 보여 주고 있다. AI, 자율주행 등의 기술도 이미 군사 분야에 접목되었다.

우주는 이미 전장의 가장 높은 고지가 되었다. 향후 위성체계가 보편화될 때를 대비하여 전력화되는 모든 장비에 위성 수신장치를 부착해야 한다. 이러한 장비와 함께 우주 공간을 효과적으로 활용하는 작전운용 개념도 발전시켜야 한다.

4차 산업혁명 시대의 창과 방패를 갖추는 속도를 높이지 못하면 승리하기 어렵다. 북한이 이미 4차 산업혁명 시대의 창의 효용성을 알아버렸기 때문이다.

군수지원 역량의 보완

군수지원 분야의 기본 역량도 더 채울 분야가 있는지 살펴야 한다. 기동타격부대의 차량 발판에 관한 사례를 제시해 보고자 한다.

육군의 경우, 평상시에 위기와 관련된 상황이 발생하면 가장 먼저 전투력을 발휘해야 하는 부대가 있다. 지역별로 편성되어 있는 '5분전투대기부대'이다. 5분전투대기부대는 상황이 발생한 원점에 빨리 접근하기 위해서 차량을 이용한다. 반응속도를 보장하기 위해서 전담 차량을 지정해서 부대에 상시 대기시킨다.

이러한 작전의 취지를 고려하면, 전투원들은 빨리 차량에 탑승해야 한다. 원점에 도착해서는 빨리 차량에서 내려야 한다. 작전 반응의 속도가 초기에 현장에 출동하는 부대의 생명이기 때문이다.

육군에서 가장 먼저 상황에 대응하고 전투력을 발휘해야 할 부대의 차량인데, 일부에서는 아직도 40년 동안 같은 트럭을 사용하고 있다. 군용 2.5톤 트럭이다. 물론 대부분의 부대는 지금은 신형 소형전술차량을 사용하여 기동력을 발휘하고 있다.

오랫동안 초동조치부대의 기동수단으로 사용되었던 이 트럭은 아래 사진과 같이 차체가 아주 높다. 아무런 보조장비가 없이 총기와 탄약을 휴대한 전투원이 탑승하려면 시간이 소요된다. 현장에 도착해서 장비를 휴대한 상태로 차에서 내려오는 데도 불편하고 시간이 걸린다. 급하게 뛰어내리다 다치는 경우도 발생한다. 그런데 이런 차량을 40년 이상 계속 사용하고 있다.

군용 2.5톤 트럭

유사한 기능을 하는 이스라엘군의 전투용 중형차량을 보자. 아래 사진과 같이 발판형 덮개가 있어서 전투원이 차에 타고 내릴 때 뛸 수 있는 구조다. 화물의 적재도 쉽게 하도록 바닥에 레일을 설치했다.

이스라엘군 중형차량 발판
(필자 직접 촬영(2017.12.))

우리나라는 세계 5위의 자동차 생산국이다. 이스라엘은 민수용 자동차를 생산하지 않는다. 우리나라 현대기아차가 이스라엘 자동차 시장 점유율 1위다. 그런데 왜 우리 군은 아직도 힘들게 타고 내려야 하는 트럭의 구조를 유지하고 있을까? 우리가 돈이 부족해서? 기술이 부족해서? 사람이 없어서? 답을 찾기가 쉽지 않다.

절실함이 부족하고 목적 달성 위주의 임무 수행이 안 되는 문화가 범인이라고 생각한다. 보신, 감사기관의 감사 대비 등의 이유로 새로운 시도 자체를 하지 않는 문화가 문제이다. 이러한 문화에서는 기존 내용을 답습하는 것이 최고의 미덕이다.

언제까지 이렇게 군이 유지되어야 할까? 과감한 개선으로 전투에서의 승리를 위해 모든 것이 정렬되어야 한다.

기능성 전투복으로의 교체

전투복도 개선할 소요가 많다. 전투원에게 전투복은 중요한 전투물자이자 심지어 수의이다. 전투원이 전투복을 입고 임무를 수행하는 현장은 폭발물, 화염, 추위, 더위, 습기 등의 험악한 환경이다. 전투원은 이러한 환경을 극복하는 데 필요한 기능이 내장된 옷을 입어야 한다. 우리의 장병은 이러한 기능이 없는 전투복을 입고 있다.

일반인이 사용하는 등산복도 기능성이 가미되면 가격이 몇십만 원을 한다. 방수, 방한 등 등산하는 환경의 극복에 필요한 여러 가지 기능을 포함하기 때문에 비싸다. 군인의 생명을 담보하고 승리를 위해서는 발열, 방한, 방염 등 다양한 기능이 포함된 옷을 입혀야 한다. 그런데 아직도 5만 원 정도 수준의 전투복이 지급되고 있다. 다행히도 지금은 '워리어플랫폼'에 포함하여 기능이 대폭 보강된 전투복을 보급하고 있다고 한다. 이 사안도 관건은 속도라고 생각한다.

1년에 5만 벌씩 지급하면 50만 명의 군대 전체가 기능성 전투복을 착용하는 데 10년이 소요된다. 10년이 지나면 지금 개발한 기능성 전투복은 의미가 없어질 것이다. 여기에 예비전력까지 포함한 모든 전투원에게 기능이 대폭 보강된 전투복을 기존의 보급 속도로 갖추기에는 너무 늦다.

기능성 전투복의 보급 속도를 높이는 일은 국민의 관심과 지원이 필요하다. 예산이 뒷받침되어야 하고, 군의 물자 지급과 관련된 각종 법규의 재조정도 필요하기 때문이다.

군수지원 수단의 디지털화

군수지원 수단의 디지털화 수준도 높여야 한다. 군에서 사용하는 차량의 예를 들어보자.

군에서 사용하는 차량 대부분은 20대 초반에 입대한 병사들이 운전한다. 운전 경험이 많지 않은 병사의 운전 실력을 갖추는 노력과 함께 차량의 기능을 자동화하여 안전과 효율성을 높여야 한다.

앞에서 살펴본 것처럼, 오랫동안 5분전투대기부대의 차량으로 사용되었고, 지금도 군 부대에서 많이 사용하는 차량은 2.5톤 트럭이다. 이 트럭의 대부분에는 내비게이션이 없다. 소대장이 휴대한 지도를 보면서 상황이 발생한 원점에 접근한다. 요즘은 소대장이 자신의 휴대전화기에 있는 내비게이션 기능을 활용하여 원점을 찾아간다.

대한민국 승용차 중에서 내비게이션 없는 차량이 얼마나 있을까? 교통수단에 GPS 기술의 접목이 일상화되어 있다. 군 작전용 차량에 내비게이션을 장착하지 않을 이유가 없다. 운전병들의 기량이 미숙하므로 더욱 필요하다. 평시 보안의 유지도 중요하지만, 장병의 안전을 확보하는 사안은 더 중요하다.

또한 군용차량 중에 후방카메라가 없는 차량이 아직도 많다. 후방센서나 측면센서도 없는 차량이 대부분이다. 장갑차, 전차, 자주포에 이런 기능이 일부 있지만, 충분히 갖추어져 있지 않다. 장갑차, 전차, 자주포는 아직도 운전 기량이 미숙한 병사에 의해 운행이 된다. 차체가 크고 육중하므로 사소한 안전사고도 큰 피해를 가져온다.

민수용 자동차의 자율주행은 4단계로 구분된다. 100% 자율주행이 구현되는 단계가 4단계이다. 지금 국내외에서 생산되는 자동차는 자율주행 3단계 수준이다. 작전용 차량에도 측·후방센서나 카메라 같은 자율주행 기능을 최대한 활용해야 한다. 이런 기능을 추가하면 작전의 효율성을 높이고 인명과 재산의 피해를 줄일 수 있다.

그런데 왜 지금의 상태를 유지할까? 군수지원 수단의 디지털화 수준을 높이려면, 사고의 전환과 업무추진 절차의 변화가 필요하다. 관련 법규를 과감하게 개정하여 군수지원 수단의 디지털화 수준도 높여야 한다.

무기체계의 신속한 도입을 위한 제도 개선

필요한 무기체계의 도입 속도를 높이는 방안을 마련해야 한다. 무기체계는 과학기술의 발전과 밀접하게 연계된다. 최근 과학기술은 발전의 속도가 빠르다. 군의 임무 수행에 영향을 주는 요소의 변화 속도를 따라잡기 위해서는 유연한 무기 획득제도가 필요하다.

무기체계 도입의 적시성을 확보하기 위한 논의가 국방부를 중심으로 많이 이루어졌다. 그러나 눈에 띄게 변화된 모습은 별로 보이지 않는다. 다행히 최근에 신속시범획득제도가 시행되어, 일부 무기체계의 시범적인 적용의 속도는 빨라졌다. 하지만, 그 규모가 작고 시범적인 적용이 신속한 무기체계의 획득으로 제대로 연결되지 않고 있다.

무기체계 도입은 8년에서 15년이 걸린다. 국내 기술로 개발하면 15년 내외의 시간이 소요된다. 외국의 무기를 도입하면 8년 내외의 시간이 걸린다.

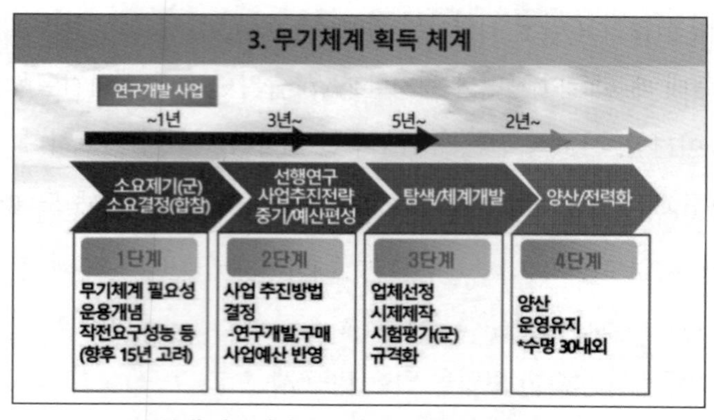

국내 연구개발에 의한 무기체계 획득 절차
(방위사업청 자료)

무기체계를 도입하는 과정에서 일부 문제가 발생하면 새로운 제도나 절차가 하나씩 추가된다. 획득 과정을 감독하는 기관이나 인원이 하나씩 추가된다. 방위사업청에서 획득 절차의 감사 기능만 수행하는 인원이 수백 명이라고 한다.

이러한 안전장치의 축적은 무기체계 획득을 행정의 덫에 가둔다. 관료들은 감사기관의 점검이나 감사에서 문제가 되지 않도록 철저하게 관련 법규를 따른다. 일정 폭의 융통성이 있어도 가장 보수적인 기준을 적용한다. 관료사회의 감사 만능주의와 보신주의의 합작품은 무기 획득의 속도 저하이다.

무기체계를 도입할 때 군이 요구하는 성능의 설정도 문제가 많다. 지나치게 높은 사양을 요구한다. 국내 과학기술이 이러한 사양을 충족하지 못할 때는 심각한 문제가 발생한다. 무기의 연구와 획득이 지연될 수 있다. 지연되면 업체는 벌금을 내고, 관련 관료는 책임을 피할 수 없게 된다.

이런 위험을 줄이는 좋은 방법은 우리보다 과학기술이 더 발달한 외국에서 해당 성능을 충족하는 무기를 구매하는 방안이다. 첨단무기를 갖추고자 하는 일부 군 무기체계의 수입 비중이 높은 이유가 여기에 있다.

무기체계의 개발에 성공해도, 높은 성능이 오히려 수출에 장애가 된다. 우리나라 방산은 틈새시장을 노려야 한다. 국제 방산시장에서 방산 선진국이 생산하는 무기체계와 경쟁이 현실적으로 어렵기 때문이다. 성능이 조금 낮더라도 가격 경쟁력이 있어야 틈새시장 공략이 가능하다. 그런데 요구 성능이 높아져서 가격을 낮추기가 쉽지 않다.

이제는 수출까지를 고려한 군의 작전요구능력(ROC, Required Operational Capability)의 설정으로 방산 생태계의 지속성을 보장해야 한다. 진화적으로 ROC를 충족해 나가는 무기 획득 방법을 적용해야 한다. 지나치게 행정 소요가 많아진 무기의 획득 절차도 현실화해야 한다. 한 가지의 무기 획득 절차만 적용하면 안 된다. 상황과 무기체계의 성격에 따라서 여러 가지 획득 절차를 적용해야 한다.

이런 해결방안은 이미 몇 년 전에 다 제시되었다. 시간만 허비하고 제도의 정비가 안 되는 이유는 절실함의 부족과 불분명한 목적의식에 있다. 자기 자신과 자기 가족의 생사를 결정하는 사안이라고 생각해 보라. 이렇게 한가롭게 법규, 절차, 감사 대비 등의 얘기를 하면서 시간을 소비할 수 있나? 군이 자체적으로 이러한 문제에 대해 해결하지 못하면, 정부, 국회, 언론, 국민이 해야 한다.

지금까지 나라의 생존을 위한 우리의 '안보보험' 가입의 상태를 진단해 보았다. 결론적으로 안보보험에 잘 가입하고 있다. 그래서 북한을 포함한 다양한 위협으로부터 국가의 생존을 확보하고 있다.

그러나 지금의 상태가 충분하지는 않다. 발전시켜야 할 부분들도 있고, 안보보험 관련 요소들이 계속해서 변화하고 있다. 이러한 변화에 적합한 안보보험의 특약 조건을 채우기 위한 추가 노력이 필요하다.

5장

안보보험과 대한민국 생존의 미래

우리나라의 생존에 영향을 주는 안보 환경이 계속 변화한다. 이러한 변화는 안보보험 가입 추가 소요의 지속적인 발생을 수반한다.

또한 전쟁을 수행하는 영역이 확대되고 있다. 과학기술도 발전하면서 계속해서 군사작전에 접목되고 있다. 사회문화가 변화되면서 군의 임무 수행에 영향을 주고 있다. 우리나라와 함께 살아가는 주변국에 의해 형성되는 지역의 안보 상황도 계속 변화한다.

나라의 미래 생존을 위한 안보보험 가입은 어떤 방향으로 무엇을 어떻게 해야 할 것인가?

안보 환경의 변화

전쟁 영역의 확대

전쟁 영역 확대의 첫 번째 요소는 군사작전을 수행하는 장소가 확대되고 있다는 것이다. 군사작전을 수행하는 장소는 통상 지상, 해상, 공중이었다. 그래서 군대의 구분도 전통적으로 육군, 해군, 공군으로 구분되었고 대부분 그러한 구분이 유지되고 있다.

군사작전을 수행하는 물리적인 영역이 변화하고 있다. 지상, 해상, 공중 공간에 더하여 우주가 새로운 군사작전의 핵심 영역이 되었다. 육군, 해군, 공군의 구분 없이 이제는 우주라는 공간을 잘 활용하는 군대가 전쟁에서 승리할 수 있다.

러시아의 침공으로 시작된 우크라이나 전쟁은 군사작전의 영역이 우주까지 확장되었음을 잘 보여 주고 있다. 침공 초기에 러시아군은 우크라이나의 지상에 설치된 휴대전화 중계시설을 포함한 민간과 군의 통신 중계시설을 모두 파괴했다. 이 때문에 우크라이나군과 국민

모두 통신이 어려운 상황이 되었다. 우크라이나의 미하일 페도로프(Mikhail Fedorov) 부총리는 스타링크(starlink)라는 공중 중계 시설을 운영하는 스페이스엑스(SpaceX) 사의 일론 머스크(Elon Musk)에게 지원을 요청했다.

미하일 페도로프(Mikhail Fedorov)
우크라이나 부총리
(https://thedigital.gov.ua/ministry)

머스크는 곧바로 스타링크 중계기를 우크라이나로 보내서 우주에서 운용되는 자체 위성을 통한 통신 중계 서비스를 시작했다. 통신이 가능해진 우크라이나군은 드론을 포함한 첨단 과학기술을 접목한 디지털 전쟁을 수행하게 되었다.

러시아군에 대한 정확한 정보는 물론 러시아군 표적을 찾아서 우주 공간에 있는 위성을 통해 지상의 화력 수단에 전달되었다. 정확한 정보를 받은 우크라이나군은 가용한 수단을 활용하여 신속하고 효과적으로 러시아군을 타격할 수 있게 되었다. 3차 산업혁명 시대의 창을 가진 러시아군이 약소국 우크라이나와의 전쟁을 빨리 끝내지 못하는 이유가 여기에 있다.

우크라이나군과 국민은 인터넷을 사용할 수 있게 되어, 국제적인 여론전의 수행이 가능해졌다. 사이버전의 수행 여건도 마련되었다. 젤렌스키 대통령의 국제사회를 대상으로 한 지지의 호소는 스타링크를 통한 정보의 유통으로 가능해졌다.

스타링크 단말기 앞의 비탈리 클리츠코(Vitali Klitschko) 키이우 시장
(https://en.wikipedia.org/wiki/Starlink_satellite_services_in_Ukraine)

우주 공간을 활용한 군사작전 시행으로 이 전쟁은 우크라이나군과 러시아군의 전쟁에서 국제사회와 러시아군의 전쟁으로 변화되었고, 지금은 국제사회와 푸틴의 전쟁으로 변화되었다.

북한은 어떤가? 북한은 핵무기의 핵심적인 운반수단인 미사일 개발에 집중하고 있다. 단거리, 중거리, 중장거리 미사일 시험발사에 이어서 요즘은 ICBM급 발사체와 극초음속 미사일을 시험하고 있다. 모두 우주 공간을 활용하는 사례이다.

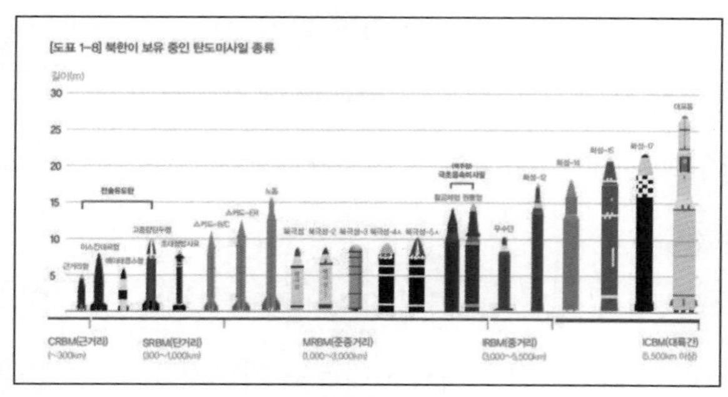

북한이 보유 중인 탄도미사일 종류
(「2022 국방백서」, p.31)

북한이 ICBM급 발사체를 시험할 때 공중으로 1,000km 이상을 쏘아 올린다. 지상으로부터 대략 350km 이상의 높이를 우주 공간이라고 한다. 북한의 새로운 비대칭 수단인 드론이나 사이버전도 모두 우주 공간의 활용과 관련되어 있다. 드론의 항법장치나 정보의 유통은 우주 공간을 활용한다. 사이버전의 대상이 되는 인터넷 기능도 우주 공간의 위성을 활용한다.

전쟁 영역 확대의 두 번째 요소는 군사작전 수행 영역이 비물리적인 분야로 확대되는 것이다. 사이버 영역과 전자기 영역으로 군사작전의 범위가 확장되었다. 현대 군대의 모든 지휘와 통제는 네트워크로 연결되어 있다. 사이버 영역에서의 군사작전은 이러한 네트워크의 기능에 영향을 주어 전쟁을 승리로 이끄는 형태이다.

사이버 군사작전은 여러 가지 형태로 수행된다. 상대의 네트워크를 해킹하여 정보를 탈취하거나 악성코드를 퍼뜨려서 컴퓨터를 마비시킨다. 스파이웨어, 트로이 목마와 같은 악성코드를 정상적인 전자메일 형태로 속여서 보낸 뒤 상대방의 컴퓨터를 감염시켜 정보를 빼 간다. 2010년에 스턱스넷(Stuxnet)이라는 악성코드는 이란의 원자력발전소를 마비시켰다.

인터넷에 가짜뉴스를 퍼뜨려서 유언비어로 사람들을 속이는 여론전도 수행한다. 휴대전화의 문자메시지로도 여론전을 한다. 상대국의 관공서나 언론사 사이트를 공격해서 기능을 마비시킨다. 2007년에 있었던 이스라엘의 시리아 핵시설 폭격 당시 시리아 방공무기가 제대로 작동되지 않았다. 사이버 공격에 의한 시리아 방공망 관련 네트워크의 기능 마비로 추정이 된다.

스턱스넷 감염이 추정되는 이란 부셰르(Bushehr) 원자력발전소
(https://en.wikipedia.org/wiki/File:Bushehr_Nuclear_Plant.jpg)

우크라이나 전쟁은 사이버전이 중요한 전쟁 수행 영역임을 보여 주었다.

러시아는 웹사이트를 해킹하여 우크라이나의 정부와 주요 기관의 행정력을 마비시켰다. 우크라이나 대통령실 · 합참 · 의회 · 내각 등의 웹사이트를 교란하고 사법기관의 법 집행 기능을 방해했다. 은행과 군 웹사이트에도 디도스(DDoS, Distributed Denial of Service) 공격을 하였다. 해킹을 위해 전쟁이 시작되기 전인 2021년에 파일 삭제형 악성코드인 '휘스퍼게이트(Whisper Gate)'와 데이터 삭제형 악성코드인 '허메틱와이퍼(Hermetic Wiper)'를 퍼트렸다.

또한 방송사를 해킹해 투항을 선동했다. 가짜로 만든 젤렌스키 대통령의 투항 명령을 뉴스로 내보내기도 했다. 가상공간에 조작된 정보를 확산시켜 우크라이나의 항전 의식을 약화하고 우크라이나 국민에게 심리전 문자를 발송했다.

우크라이나는 사이버 분야에 전문성을 갖춘 국민을 활용했다. 국제사회와 우방국이 우크라이나의 사이버 작전을 지원했다. 우크라이나군은 통신체계가 취약한 러시아군이 개인 휴대전화기를 많이 사용한다는 사실을 인지하여, 이를 해킹한 후 위치를 확인하여 타격하였다. 러시아 정부와 은행 등을 대상으로 디도스 공격을 했다. 벨라루스의 철도망을 해킹하여 러시아군 이동을 지연시키고, 흑해 함대의 통신 서버와 특수부대의 자료도 획득했다.

북한도 사이버 영역을 핵심적인 비대칭 수단으로 활용하는 전략을 보여 주고 있다. 북한은 우리나라 주요 기관을 해킹하여 자료를 탈취하고 있다. 2022년 9월에는 전쟁기념관이 해킹 공격을 받아서 전산망이 마비되고 자료가 탈취되었다. 국군 사이버작전사령부는 북한의 개입 가능성을 밝혔다.

2016년에는 국방부 PC 3,200여 대가 해킹되어 악성코드에 감염되고 국가 중요 비밀까지 탈취되었다. 여기에는 국방부 장관의 인터넷 PC도 포함되었다. 북한의 소행으로 보인다.

북한은 전 세계의 금융기관을 해킹하여 무기 개발에 필요한 자금을 마련하고 있다.

"북 탄도미사일 자금 절반, 암호화폐 해킹 조달 추정"

입력 2023. 06. 12 17:11 업데이트 2023. 06. 12 17:12

"최근 5년간 3조8000억 원 강탈"
전 세계서 IT 인력 '그림자 부대' 운용

북한이 최근 5년간 해킹 부대를 동원해 훔친 암호화폐가 3조8000억 원에 달하며, 이는 탄도미사일 자금의 절반 정도를 조달하는 데 쓰였다는 분석이 나왔다.

북한의 해킹 현황
(『국방일보』(2023.6.12.))

미국의 암호화폐 분석업체인 Coin Cap에 따르면 북한은 7,000여 명의 전문 해커를 양성하여 전 세계의 공공 및 민간 부분에 사이버 공격을 하고 있다. 미국의 자유아시아 방송은 2011년~2022년 사이에 북한이 시도한 암호화폐 해킹은 15건으로 세계 1위라고 보도했다.

전투의 공간은 전자기 영역으로까지 확대되고 있다. 전자전은 우크

IEEE Spectrum이 게시한 러시아의 전자전 관련 기사
(https://spectrum.ieee.org/the-fall-and-rise-of-russian-electronic-warfare)

라이나 전쟁에서 러시아군과 우크라이나군의 핵심 수단의 하나가 되고 있다. 북한도 전자전 수행 역량을 키우고 있다. 황해도 인근에서의 북한의 GPS 교란은 종종 인천공항의 항공기 운항에 영향을 주고 있다. 이러한 전자기 영역에서의 군사작전의 비중과 범위는 계속 확대될 것이다.

전쟁 영역 확대의 세 번째 요소는 무기와 장비의 성능이 향상되어 작전 수행의 영역이 확대된 점이다. 과학기술의 발전으로 전장 기능별 능력이 높아졌다. 상대에게 물리적인 힘을 투사하는 화력 기능이 대표적이다. 포병의 경우 155mm 포의 사거리가 20km 내외였으나 지금은 40km로 확장되었다. 다련장포의 경우 사거리가 30km 내외였으나 지금은 80km이다.

대전차무기도 사거리가 길어지고 전차의 약한 부분인 포탑을 공중에서 수직으로 타격할 수 있도록 발전되었다. 적을 찾는 정보기능 분야도 역량이 높아졌다. 대대, 사단, 군단급 제대에서 작전반경이 수십~수백 km에 이르는 무인기를 다양하게 운용하고 있다.

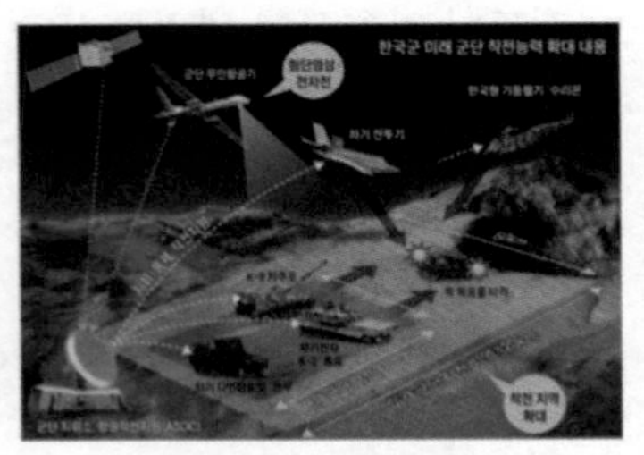

군단급 부대의 작전 영역 확대
(육군본부 자료)

탄약도 성능이 향상되어, 더 작은 크기의 탄약이 더 큰 위력을 발휘하는 스마트탄으로 변모하고 있다. 여기에 유도기능이 더해지면서 정밀타격이 가능해졌다.

우크라이나 전쟁이 2년째 계속되면서 다른 나라의 최신 무기체계가 투입되고 있다. 미국에서 제공한 다련장 포병체계인 하이마스(HIMARS)나 자폭 드론인 스위치 블레이드(Switch Blade)가 대표적이다. 독일에서 제작된 레오퍼드(Leopard) 전차가 우크라이나군에 인도되고 있으며, 첨단 전투기의 지원도 논의되고 있다. 치열한 공방전이 진행되고 있는 우크라이나 동부 지역에서 이러한 새로운 무기체계는 전장의 게임체인저 역할을 하고 있다.

북한도 다련장포의 개량을 지속하여 300m 방사포를 개발했으며, 대구경 방사포를 개발했다. 미사일 체계도 전술미사일에서부터 대륙간 탄도미사일급 성능을 발휘하는 무기체계까지 개발하고 있다.

첨단 과학기술의 접목

안보 환경 변화의 두 번째 요소는 4차 산업혁명 기술을 포함한 첨단 과학기술이 군사 분야에 빠르게 접목되고 있다는 사실이다.

군사력의 구성 중에서 무인 전투체계의 비율이 계속 확대되고 있다. 나라별로 사람이 직접 운용하는 무기에 무인 무기를 접목하고 있다. 군의 무기체계가 사람이 운용하는 유인 무기 중심의 군대에서 유인 무기와 무인 무기가 협업하는 복합체계로 전환되는 추세이다.

대표적인 유무인 복합체계가 MUM-T(Manned-Unmanned Teaming, 유무인 복합 운용체계)이다. 사람이 직접 운용하는 무기와 로봇이나

무인기를 하나의 팀으로 묶어서 운용하는 체계이다. 미국 육군은 아파치 공격헬기(AH-64E) 1대가 무인 헬리콥터(AH-6U UAV) 3대를 원격 조종하여 하나의 편대로 작전을 수행하고 있다. 공격헬기 조종사 1명이 공격헬기 4대를 운용하는 효과가 있다.

미군은 아파치 공격헬기에 무인 헬리콥터 대신 MQ-1C와 같은 드론 UAV를 조합하는 방안도 시도하고 있다. 1대의 유인기가 3대가 아닌 수십 대의 무인기와 함께 작전을 수행하는 체계로 발전해 나갈 것으로 전망된다.

전투기도 무인 전투기의 비율이 높아질 것이다. 실제로 우리 군의 차세대 한국형 전투기인 KF-21 보라매도 개발의 마지막 단계에서 무인 전투기와 유인 전투기가 팀을 이루어 운용하는 수준으로 발전할 것으로 전망이 된다.

지상 전투를 수행하는 장갑차나 전차의 운용도 유무인 복합체계로 전환되고 있다. 장갑차에 드론과 로봇을 휴대하여 기동로 전방을 정찰하고, 장애물이 발견되면 로봇으로 제거하면서 기동할 수 있다. 유인 무기체계만 운용할 때보다 안전하고 빠르게 기동이 가능해진다.

과학기술이 발전하면서 유무인 복합체계의 구현이 가능해지고 있다. 이러한 무인 무기체계의 활용은 전장의 6대 기능에서 혁명적인 변화를 가져올 것이다. 더불어, 청년 인구가 급격하게 감소하는 인구 사회학적인 변화와 인명 중시 사상으로 무인전투체계의 발전 추세는 지속될 것이다.

특히 드론이 전장의 게임체인저가 되고 있다. 모든 군사작전 활동은 여섯 가지의 기능으로 분류할 수 있다. 정보, 기동, 화력, 방호, 지휘·통제·통신, 작전지속지원을 전장의 6대 기능이라고 하는데, 드론은 전장의 6대 기능을 모두 수행할 수 있다.

2022년에 시작되어 2년째 계속되고 있는 러시아와 우크라이나의 전쟁은 최초로 드론의 전면전 시대가 도래한 사례로 평가되고 있다. 2023년 4월 현재까지 우크라이나군이 드론으로 파괴한 장갑차가 수천 대이며, 전차가 수백 대이다.

전쟁 초기 단계에서 우크라이나군은 러시아군의 군사작전 목표 중 하나인 우크라이나 수도 키이우와 주요 도시 점령 작전을 무력화시켰다. 넓은 작전 지역에서의 러시아군 활동을 파악하고 신속하게 획득한 표적을 타격하였다. 이 과정에서 드론이 효과적으로 활용되었다.

우크라이나 정부는 자국민은 물론 우방국 국민에게 취미용 드론의 기부를 요청했다. 우크라이나군은 수천 대의 취미용 드론과 민간 드론을 확보하였다. 확보한 드론을 이용하여 러시아군의 군사작전 상황을 파악하였다. 드론으로 파악한 러시아군에 대한 정보를 신속하게 군사작전본부에 전달하여 가용한 화력으로 조기에 표적을 타격하였다.

취미용 드론이나 자체 제작한 소형 드론에 수류탄이나 화염병을 매달아서 표적 상공에서 떨어뜨려 러시아군의 진격을 차단하고 피해를 주었다. 우크라이나의 15세 소년은 자신의 취미용 드론으로 키이우 점령에 투입된 러시아군 기갑기계화부대 행렬의 이동을 차단하는 데 큰 역할을 했다.

15-year-old Andrii helped destroy a column of Russian equipment thanks to his drone skills

취미용 드론으로 러시아군 전차를 막은 우크라이나 15세 소년
(https://war.ukraine.ua/heroes/15-year-old-andrii-helped-destroy-a-column-of-russian-equipment-thanks-to-his-drone-skills/)

우크라이나군은 드론을 군사작전의 6대 기능에 투입하면 적은 비용으로 큰 효과를 낼 수 있음을 보여 주고 있다. 그래서 러시아와 비교해서 물리적인 군사력 격차가 큰 우크라이나군이 성공적으로 러시아의 공세를 막아내고, 러시아군이 점령한 우크라이나 영토를 찾아 가고 있다. 드론이 진정한 미래 전장의 게임체인저가 되어 가고 있는 것이다.

이처럼 드론이라는 비대칭 능력을 잘 활용하면 상대적으로 약소국인 나라가 물리적으로 강대국인 나라와의 싸움에서 이길 수 있다. 이를 '약소국의 역설(small state paradox)'이라고 한다. 드론의 전면전화 양상을 볼 때 앞으로는 군사 강국의 기준이 달라질 개연성이 높다. 그 중심에는 드론이 있을 것이다.

더 고무적인 것은 군사작전에서의 드론 활용이 무한한 확장성을 갖고 있다는 사실이다. 2차전지 기술의 발달로 드론에 사용되는 배터리의 성능이 발전할 것이다. 드론의 배터리의 성능이 향상되면 더 효과적이고 효율적인 군사작전 수행이 가능해진다.

드론에 다양한 플랫폼을 결합하면, 전장 6대 기능의 수행 능력이 획기적으로 향상된다. 그렇게 되면, 드론이 전술, 작전술, 전략 제대의 군사작전 수행의 패러다임을 바꿀 수 있다. 많은 나라의 군사 지도자와 전문가의 드론에 관한 관심이 점점 높아지고 투자가 점점 많아지는 이유이다.

무인 전투체계의 비율이 확대되면서 로봇 기술도 군사 분야의 적용 범위가 확대되고 있다. 로봇을 위험한 임무에 사람 대신 투입하면 전투원을 보호할 수 있다. 폭발물을 처리하는 로봇이 그러하다. 지뢰지대를 탐지하거나 장애물 지대에서의 수색정찰을 로봇이 사람 대신 수행할 수 있다. 폭발물처리로봇, 수색정찰로봇, 지뢰탐지로봇이 이미 실용화되어 있다. 옆의 그림은 보스턴 다이내믹스(Boston Dynamics) 사에서 제작한 최신형 4족 보행 견마로봇이다.

Big Dog
(https://en.wikipedia.org/wiki/Boston_Dynamics)

로봇은 사람보다 더 큰 힘과 지속력을 갖고 군사작전에 필요한 기능을 수행할 수가 있다. 구난로봇이 그러한 기능을 수행할 수 있다. 로봇팔과 로봇다리가 전투원이 발휘할 수 있는 몇 배의 물리적 힘을 발휘할 수 있다. 로봇팔에 무기체계를 부착하여 공격 기능도 수행할 수 있다.

한국군도 지상 정찰용 로봇을 도입하고 있다. 군에 도입되어 평가가 진행 중인 지능형 로봇은 6톤 무게의 플랫폼으로 6kg의 화물을 운반할 수 있다. 로봇이 스스로 장애물을 회피하면서 계획된 경로를 따라 독립적으로 이동할 수 있다. 부상자 후송을 포함한 소형 화물의 운송이 가능하다. 지능형 로봇에 기관총이나 정찰 장비를 장착하면 수색정찰이나 근접전투 수행도 가능해진다.

국내 업체가 개발 중인 지능형 다목적 무인차량
(『국방일보』(2021.11.14.))

군사작전에서 로봇의 활용도 무한한 확장성을 갖고 있다. 국내 기업들이 로봇산업 생태계를 조성하기 위한 투자를 대규모로 하고 있다. 현대자동차는 세계 최고 수준의 로봇회사인 보스턴 다이내믹스 사를 인수했다.

보스턴 다이내믹스 사가 개발한 로봇 개 '디지독(DigiDog)'은 스팟(spot)이라는 4족 로봇에 일정한 기능을 추가한 특수목적용 로봇으로, 현재 뉴욕 경찰이 실제 임무 수행에 투입하여 사용하고 있다. 삼성전자는 회사의 역량을 로봇에 집중하겠다고 발표했다.

DigiDog
(image tweeted by @NYCMayorsOffice)

로봇에 다양한 플랫폼을 결합하면, 전장 6대 기능의 수행 능력이 획기적으로 향상된다. 그렇게 되면, 로봇이 군사작전 수행의 패러다임을 전환할 수 있다. 앞으로 일부 군인을 로봇 시스템으로 대체하는 경쟁이 나라별로 치열하게 전개될 것이다.

또 미래에는 인공지능(AI)이 군사 분야에서도 새로운 게임체인저가 될 가능성을 보여 주고 있다. 최근 대화형 인공지능 서비스인 챗GPT(ChatGPT, Generative Pre-trained Transformer)가 세계적으로 화제다. 일반인의 기대를 넘어서는 인공지능의 능력과 광범위한 활용성 때문이다.

군사 분야에서도 이미 인공지능이 실용화되고 있다. 무인기로 획득한 영상정보는 수년 동안의 경험을 갖춘 전문분석관에 의해 판독이 되어 군사 목적에 맞게 사용되었다. 전문분석관의 역할을 지금은 인공지능 프로그램이 수행한다. AI의 영상정보 분석은 전문분석관보다 더 빠르고 정확하다.

미국의 AI 스타트업체인 Clearview는 러시아와 전쟁을 하는 우크라이나군이 AI를 활용할 수 있도록 지원해 주었다. 이 회사가 가진 안면 인식 기술을 무료로 제공하여 간첩을 식별하는 데 사용되었다.

우크라이나 지원 내용이 포함된 Clearview 홈페이지
(www.clearview.ai)

우크라이나 전쟁에서 중요한 역할을 하는 드론에 AI를 탑재하면 활용도는 더 높아진다. 공격용 드론에 AI 기능을 추가하면, 스스로 목표지역으로 날아가서 체공하면서 스스로 표적을 찾고, 스스로 판단하여 원하는 시간과 장소를 타격하여 계획한 효과를 달성할 수 있다.

챗GPT의 기능도 군사 분야에 활용할 수 있다. 결정에 필요한 기초정보와 판단자료를 신속하게 받을 수 있다. 그 덕분에 군사 지도자의 빠른 판단과 결심이 가능해진다.

AI는 인지 영역의 군사작전에도 활용될 수 있다. 심리전이나 여론전 수행에 활용이 대표적이다. AI가 SNS의 특정 문구나 출처를 허용하거나 차단하는 선별적인 기능을 수행할 수 있기 때문이다.

AI의 군사 분야 적용도 엄청난 확장성을 갖고 있다. AI 관련 기술이 계속 발전하고 있으며, 발전된 기술을 군사 분야에 접목하는 노력도 계속되고 있다. 군사 분야의 또 다른 게임체인저가 탄생의 시기를 기다리고 있다.

우크라이나 전쟁으로 미래 과학기술 발전이 군사 분야에 어떻게 영향을 미칠 것인가에 대한 엿보기가 가능했다. 우방국의 기업과 개인이 첨단 과학기술을 우크라이나군에 제공하여 빠른 승리를 장담하던 러시아군을 무력화시키는 데 큰 도움을 주고 있다.

캐나다의 위성업체인 MDA는 러시아군의 동향을 찍은 위성영상을 우크라이나군에 제공했다. 트위터(twitter)는 러시아 국영 매체에서 생산되는 콘텐츠에 경고 표식을 넣어서 사용자들의 주위를 환기했다. 페이스북과 인스타그램은 러시아를 규탄하는 발언을 허용하여, 우크라이나와 우방국이 SNS에서 러시아를 상대로 여론전을 할 수 있도록 해주었다. 스페이스엑스(SpaceX) 사는 자사의 위성 기반 인터넷 서비스가 가능한 스타링크 단말기를 제공하여 우크라이나군이 IT 기반의 디지털 전쟁을 수행하도록 도와주었다.

4차 산업혁명 기술인 블록체인(BLOCK CHAIN) 기술도 미래 군사 영역에 광범위하게 접목이 예상된다. 빅데이터(Big Data) 관련 기술도 군사작전 수행의 패러다임을 바꾸는 데 핵심적인 역할을 할 것이다. 다양한 우주 공간 활용 기술도 군사작전에 접목이 확대될 것이다.

사회문화적 변화

안보 환경 변화의 세 번째 요소는 사회문화적인 변화가 군사 분야에 영향을 주고 있다는 사실이다. 복지에 대한 높은 기대 수준을 갖춘 젊은이들이 군에 들어오고 있다. 기대 수준의 변화에 따라 군의 복무환경도 변화하고 있다.

2012년에 우리나라 기초자치단체 중에서 비데 보급률 1위는 강원도 화천군이었다. 화천군의 당시 비데 보급률은 53.0%로 서울에서 가장 높은 강남구(비데 보급률 26.5%)보다 2배가 높았다. 접경 지역인 화천군에는 군부대가 아주 많다. 신세대 장병들이 입대하면서 부대에 비데가 많이 설치됐기 때문에 화천군이 전국 비데 보급률 1위를 할 수 있었다.

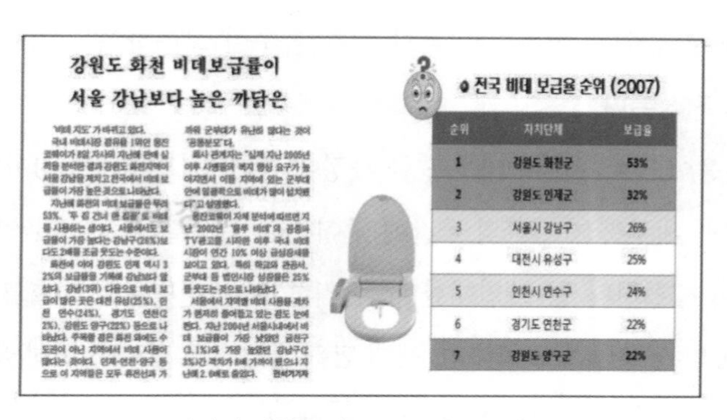

강원도 화천 비데보급률이 서울 강남보다 높은 까닭은

[illegible]

● 전국 비데 보급율 순위 (2007)

순위	자치단체	보급율
1	강원도 화천군	53%
2	강원도 인제군	32%
3	서울시 강남구	26%
4	대전시 유성구	25%
5	인천시 연수구	24%
6	경기도 연천군	22%
7	강원도 양구군	22%

병영의 비데 그리고 접경 지역의 재정
(강원발전연구원 정책메모 2012-27호(2012.4.3., p.1))

요즘 군에 입대하는 젊은이들은 대부분 가정에서 비데를 사용한다. 군에 입대해서도 비데가 필요하다. 그러한 장병들의 요구를 만족하고자 비데가 많이 설치되었다. 에어컨도 마찬가지다. 우리나라 병영생활관에 에어컨이 설치되지 않은 곳은 단 한 곳도 없다. 우리의 젊은이들이 입대 전에 모두 에어컨이 설치된 환경에서 생활했기 때문이다.

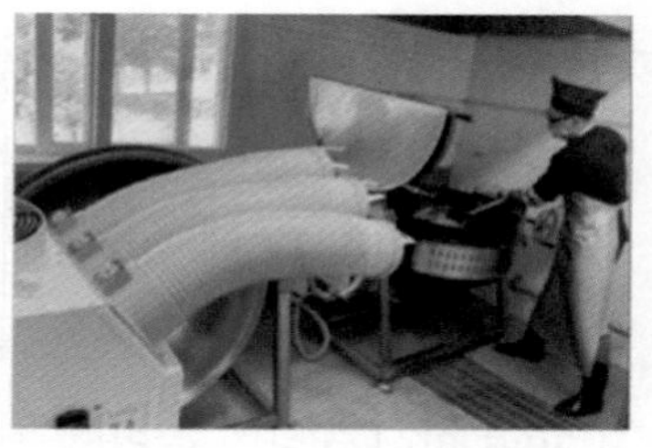

병영의 취사 시설에 설치된 에어컨
(국방부 자료)

먹는 것도 유사한 현상이다. 요즘 우리나라의 젊은이들은 고기를 좋아한다. 그래서 고기를 많이 먹는다. 채소는 별로 좋아하지 않는다. 영양과 열량을 고려하여 식단을 편성하면 먹지 않고 남아서 버리는 음식이 많아진다. 군에서는 이를 잔반이라고 한다. 매년 책정된 잔반 처리

비용이 부족하다. 젊은 장병들의 선호를 우선 고려하여 고기 위주로 식단이 편성된다.

출산율이 낮아지면서 대부분 한 가정에 자녀가 1명 또는 2명이다. 자녀에게는 대부분 자신만의 공간에 주어진다. 자기 방에서 누구의 간섭도 없이 생활하다 군에 입대한다. 이러한 젊은 장병들의 선호를 고려하여 군의 생활공간도 침대형, 분대 단위 공간으로 많이 변모하였다.

또한 출산율을 포함한 인구사회학적인 환경의 변화로 우리나라 청년 인구가 급격하게 감소하고 있다. 합계출산율이 0.84명으로 OECD 국가 중에서 제일 낮다. 1년에 출생하는 아이의 숫자가 27만 명으로 10년 만에 절반이 줄었다. 새로 태어나는 아이의 숫자가 줄어드는 사회현상은 우리나라의 여러 기능에 영향을 준다. 징병 가용한 병역자원의 확보에도 직접적인 영향을 준다.

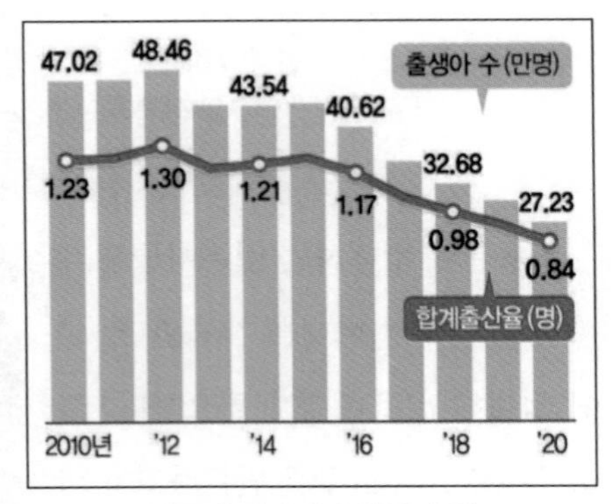

최근 우리나라 출생아 수와 합계출산율 추이 (통계청)

우리나라 다문화 가정이 증가하고 있다. 우리나라 다문화 인구는 대략 500만 명 규모로 추정되고 있다. 다문화 가정에서 입대하는 장병의 규모도 늘어나고 있다. 2023년 4월 기준으로 군에 복무하고 있는 다문화 가정 장병은 3천 명 내외이다. 국방부는 앞으로 매년 1만 명 내외의 다문화 가정 장병이 군에 들어온다고 보고 있다. 다문화 가정 장병의 입대도 변화된 우리나라의 인구사회학적인 환경의 모습이다.

또한 국민의 기본권 보장 요구가 높아지고 있다. 군사 분야와 관련된 국민의 기본권 보장 요구는 주로 훈련장 소음, 비행장 소음, 도시발전을 위한 도심지 부대 이전 요구, 훈련을 위한 교통통제에 대한 불만, 야간 훈련에 대한 민원 제기, 군의 불법적인 사유지 점령 등이다.

우리 국민은 오랜 세월 동안 군대에 의해 발생하는 불편함과 함께 생활해 왔다. 개인이 조금 불편해도 국가의 안보가 더 중요하다고 생각했기 때문이다. 지금은 국가의 안보와 함께 개인의 안위도 중요하다고 생각하는 국민이 많아졌다. 헌법에 규정된 개인의 기본권이 보장되어야 하기 때문이다.

이와 관련된 법과 규정, 예산 반영의 노력이 계속되고 있다. 정부의 이러한 노력의 속도와 국민의 개선 요구 속도가 항상 일치하지는 않는다. 그래서 갈등이나 소요의 빈도가 높아지고 있다.

우리나라 젊은 세대의 가치관도 변화되고 있다. 젊은 세대가 군 구성원의 대부분을 차지한다. 그래서 군 구성원의 가치관도 변화되고 있다. 젊은 장병들의 가치관 변화는 일하는 모습과 삶의 모습에 많은 변화를 수반한다. 구성원의 일하는 모습과 삶의 모습은 조직의 문화 자체의 변화로 이어진다.

자신의 직업적인 성취와 인간다운 삶의 균형을 유지하고자 하는 젊은 장병들이 많아지고 있다. 대면하여 일을 처리하는 방식보다 비대면

방식을 선호한다. 그들에게 비대면의 수단이 되는 휴대전화는 그래서 생명줄이다.

누가 시켜서 무슨 일을 하는 것보다는 스스로 필요를 느끼고 판단해서 자율적으로 수행하는 방식을 좋아한다. 지시나 명령보다는 명확한 목표나 의미를 제시하고 여건을 조성하여 스스로 채울 수 있도록 하는 문화의 조성이 높은 성과를 낼 수 있는 중요한 요소가 되고 있다. 군의 리더십도 이러한 가치관의 변화에 맞게 발휘되어야 한다. 모든 구성원이 함께해야 전장에서 팀워크를 발휘하여 승리할 수 있기 때문이다.

미래의 생존을 위한 soft power 영역과 hard power 영역의 준비

지금까지 살펴본, 전쟁 영역의 확대를 포함한 안보 환경 변화는 미래의 생존 준비에 직접 영향을 준다.

우선, 군 독자적으로 모든 것을 해결하기 어려운 국방환경을 만들고 있다. 군사작전과 관련되는 사안이 더욱 복잡해지고 있다. 변화의 폭도 넓어지고, 변화의 속도도 예전과 비교해서 매우 빠르다. 이러한 변화와 비교해서 군의 자원과 시간은 이러한 변화를 다 수용할 만큼 충분하지 않다. 유연하지도 않다. 국방과 관련된 외부 생태계의 활용이 중요해지고 있다.

둘째, 안보 환경의 변화는 외부 환경에 대한 군의 빠른 반응속도를 요구하고 있다. 무기체계 획득, 교리 발전, 필요한 예산 확보 등 국방정책 추진은 물론 군사작전 수행과 관련된 전체적인 과정은 과거와 현재의 국방환경에 최적화되어 있다.

반도체 산업에서 '마이크로칩의 성능이 2년마다 두 배로 증가한다'는 경험적 예측인 '무어의 법칙(Moore's law)'처럼 국방 분야도 우리의 상상을 초월하는 속도로 변하고 있다. 그래서 늦게 반응하면 승리하는 군을 유지하기가 쉽지 않다. 안보 환경의 변화는 국방정책 추진과 군사작전 수행체계의 속도가 관건이 됨을 보여 주고 있다.

셋째, 안보 환경의 변화를 수용할 수 있는 여건의 마련이 필요함을 보여 준다. 군사작전의 영역이 확대되면 이러한 환경에 맞게 훈련 여건을 조성해야 한다. 예를 들어, 늘어난 무기체계의 사거리에 맞게 훈련장의 크기를 키워야 한다. 드론과 로봇의 활용이 확대되면 이에 맞는 훈련시설, 보관시설, 정비시설 등이 필요하다. 군사력의 운용에 영향을 주는 요소가 많아지고 빨라질수록 이를 수용할 여건 조성의 소요가 증가할 것이다.

넷째, 과학기술 소양을 갖출 인적자원의 중요성이 확대될 것이다. 미래에는 과학기술을 접목한 무기체계와 장비의 중요한 싸움의 기제가 된다. 사람과 더불어 이러한 과학기술이 접목된 무기체계와 장비를 전투력으로 잘 활용해야 승리할 수 있다. 그렇게 하려면 국방의 구성원이 과학적 원리, 특성, 강점과 제한사항 등을 알고 이를 토대로 전투 수단으로 효과적으로 활용해야 한다. 안보 환경의 변화는 국방 인적자원의 과학적 소양이 승리를 보장하는 중요한 요소임을 상기시키고 있다.

전쟁 영역의 확대라는 안보 환경의 변화는 국가 생존에 새로운 도전 요소다. 우리나라 안보보험 가입의 소요이기도 하다. 미래세대가 안전하게 이 나라에서 생존하기 위해서 변화되는 분야에 대한 특약에 가입해야 한다. 따라서 대한민국 미래의 생존을 위해 soft power 영역과 hard power 영역에서 다음과 같은 방향으로 준비해야 한다고 생각한다.

국방이라는 거대한 항공모함의 방향 재조정

전쟁을 수행하는 영역이 확장되면, 당연히 국방의 지향점이 변화된다. 우리 국방부도 이런 맥락에서 변화되는 안보 환경을 분석하여 국방정책과 군사전략의 방향을 조정하고 있다고 생각한다. 미래의 국가 생존을 위해서는 이러한 과정을 더 빨리, 더 자주, 더 정밀하게 해야 한다.

조그만 배는 쉽고 빠르게 항해의 방향을 조정할 수 있다. 항공모함처럼 큰 배는 방향의 조정에 더 많은 시간이 걸린다. 미리 방향을 정하고, 준비를 많이 해야 원하는 시간이 원하는 방향으로 항행할 수 있다.

국방은 거대한 항공모함과 같다. 상대보다 빨리 국방정책과 군사전략을 조정해야 한다. 상대보다 더 자주, 더 세밀하게 확인해야 한다. 국방이라는 거대한 항공모함의 항해 방향을 제대로 잡아야 한다.

재조정한 국방의 관련 법, 규정 등의 마련

재조정한 국방이라는 거대한 항공모함이 제대로 항해할 수 있도록 관련 법과 규정, 제도를 마련해야 한다. 국방이라는 거대한 항공모함이 항해할 방향을 제대로 잡았다면, 원하는 방향으로 갈 수 있도록 필요한 조치를 해야 한다. 법과 규정, 제도의 준비가 우선 필요하다. 국방

정책은 관련되는 법, 제도, 규정에 따라 시행되어야 하기 때문이다.

대표적인 분야가 무기체계의 획득과 관련된 사안이다. 무기체계의 획득에는 대규모 국가 예산이 투입된다. 그래서 관련 업무를 규정하는 법과 제도, 규정이 많고 정밀하다. 국민의 혈세가 사용되기 때문에 이러한 절차는 당연하다.

전쟁을 수행하는 영역의 확장은 무기체계 획득에도 속도를 요구한다. 상대보다 더 빠르게 새로운 과학기술과 기법을 적용해야 하기 때문이다. 전쟁은 창과 방패의 싸움이다. 승리하기 위해서 창과 방패의 성능을 계속 발전시킨다. 상대보다 발전시키는 속도가 늦으면 승리하기 어렵다. 이순신 장군이 이끈 조선 수군의 승리 비결 중 하나는 일본 수군보다 빠른 거북선이라는 창과 방패의 준비였다.

국방 관련 외부 생태계 조성과 활용

외부 생태계를 구성하고 국방에 접목하여 국가 차원의 가용한 자산을 모두 활용해야 한다. 전쟁의 수행 영역이 확대될수록 국방 분야의 준비 소요는 늘어난다. 국방 영역이 자체적으로 모든 것을 준비하기 어려워지는 시대가 되었다. 대부분 기능을 국방이 자체적으로 해결하고 있는 지금의 구조로는 새로운 안보 환경에 효과적인 대응이 쉽지 않다. 분야가 많아지고, 변화의 속도가 상대적으로 매우 빨라진 이유이다.

사이버 전문가, AI 전문가, 드론 전문가를 군에서 모두 양성해야 할 필요는 없다. 국가의 다른 기관이나 민간에서 관련 전문가들이 많이 양성되고 있다. 군은 민간에서 이미 양성된 자원을 엄선해서 활용하면 된다. 대신에 거기에 맞게 보상체계를 만들어야 이러한 자원을 군에 데려올 수 있다. 최근에 KAIST에 육군미래혁신연구센터를 개소한 사례는 그래서 주목해 볼 만하다.

우주 영역의 활용방안을 군에서 모두 마련하지 않아도 된다. 우주와 관련된 학교 기관, 연구소, 민간 기업의 전문성을 군의 정책과 전략에 융합시키면 된다. 국가 차원의 가용한 역량을 결집한 외부 생태계를 조성해서 활용해야 상대보다 더 빠르고 효과적으로 대응할 수 있다. 우리나라의 자원은 상대적으로 충분하지 않기 때문이다.

미래 인재상 확립과 인적자원 확보

군의 미래 인재상을 정하고 이에 맞는 인적자원을 확보해야 한다. 전쟁은 사람이 한다. 확장된 전쟁 수행 영역에서 전쟁을 잘할 수 있는 사람을 필요로 한다. 전투 현장에서 총칼로 백병전을 수행하는 시대에는 총칼을 잘 휘두르는 전사가 필요했다. 그러한 전사를 잘 조련하고 운용하는 군의 리더가 필요했다. 우주로까지 전투 현장이 확장되었다. 비물리적인 영역인 사이버, 전자기 영역까지 확대되었다. 여기에 맞게 전사를 조련하고 운용할 리더가 필요하다.

우리 안보의 미래에는 고전적인 리더십과 함께 과학적인 소양을 갖춘 인재가 필요하다. 우리 군의 미래 인재상을 새롭게 정해야 한다. 새롭게 정한 기준을 충족하는 인재를 뽑아야 한다. 그리고 인재상에 맞게 만드는 교육을 군에서 계속해야 한다. 그런 역량을 갖춘 인재가 발탁되고 중책을 맡는 인재 관리시스템이 마련되어야 한다.

우주라는 물리적인 공간, 사이버나 전자기라는 비물리적인 영역에 대한 기본적인 소양을 갖추지 못한 군의 리더는 이러한 영역을 효과적으로 활용할 수 없다. 우주, 사이버, 전자기라는 공간을 활용하는 군을 상대로 싸워서 이길 수 없다. 미래 전장에 맞는 역량을 갖춘 인재가 있어야, 국가의 생존을 확보할 수 있다.

첨단 과학기술의 신속한 도입

첨단 과학기술을 군의 무기체계와 장비에 접목하는 속도를 더 높여야 한다. 군이 계획하여 새로운 무기체계를 개발하고 실전에 배치하는데 시간이 오래 걸린다. 통상 8년에서 15년 정도로 얘기되고 있다. 전투기, 전차, 잠수함과 같은 무기체계는 그러한 과정을 거쳐야 한다.

첨단 과학기술을 접목하는 장비나 무기체계는 속도가 관건이다. 드론이 대표적인 사례이다. 농업에 종사하는 사람들은 더 이상 직접 손으로 농약을 뿌리지 않는다. 드론을 활용한다. 영화 촬영에서 드론은 이미 필수품이다. 코로나 시기에 긴급 의약품 수송이나 식료품 수송에도 드론이 요긴하게 사용되었다. 드론의 사용이 우리 생활의 일부가 되었다.

국방에도 드론의 사용이 민간만큼이나 일상화되었는지 궁금하다. 이미 모든 장병이 개인화기인 소총이나 권총처럼 드론 한 대씩은 가지고 있어야 한다고 생각한다. 그 정도는 되어야 군에 드론이 일상화되었다고 할 수 있다. 드론이 일상화된 시대에 드론을 가진 장병은 얼마나 될까?

여전히 속도가 충분하지 않다. 변화의 속도를 잡으려면 시장에 나와 있는 장비라도 빨리 도입하여 사용하면서 성능을 높여 가야 한다. 속도가 승리의 관건이자 국가 생존을 확보하는 관건이기 때문이다.

새로운 장비에 맞춘 운용 여건 마련

급격하게 변하는 과학기술을 접목한 장비와 무기체계 운용 여건을 만들어야 한다. 새로운 무기체계나 장비만 있다고 모든 준비가 끝나지 않는다. 이러한 수단을 활용하여 실제 전쟁의 현장에서 효과적으로 사용하도록 준비해야 한다.

변화되는 안보 환경에서 승리하는 국방이 되려면, 새로운 무기체계나 장비의 운용 여건을 만들어야 한다. 훈련, 정비, 시설, 사람 등의 준비가 같이 되어야 한다. 훈련을 예로 들어 보면, 사거리가 길어진 화기의 실사격을 훈련하려면 지금보다는 큰 훈련장이 있어야 한다. 드론, 로봇, 사이버 수단 등의 새로운 장비나 무기체계를 교육하고 훈련하기 위한 새로운 시설이 필요하다.

이러한 운용 여건의 마련은 또한 예산이 뒷받침되어야 한다. 새로운 분야로의 예산의 전환은 물론, 절대적인 예산의 규모도 달라져야 한다.

동북아 지역 안보 환경의 변화에 대한 대응

안보 환경의 변화와 함께 우리를 둘러싼 이웃 나라의 상황 변화도 우리의 생존에 영향을 주는 중요한 요소이다. 중국, 러시아, 일본이 여기에 해당한다.

일본

미래 우리나라의 생존을 확보하기 위한 안보 전략의 구상은 일본 변수를 고려해야 한다. 우리나라 안보정책과 근대 동북아 지역에서 일본의 위상을 고려할 때 그렇다.

1960년대와 1970년대 대한민국은 아시아 지역 국가들과 함께 지역의 협력안보를 강화하는 안보전략을 모색했다. 아시아태평양이사회(ASPAC), 월남전참전국회의, 아시아태평양조약기구(APATO)의 추진이 대표적이다.

이러한 협력안보 추진의 성과는 일본의 참여 여부가 관건이었다. 일본을 참여시키는 데 성공하면 역내 안보 전략을 위한 협의 또는 협의체의 기능 발휘가 가능했고 일본 참여의 설득에 실패하면 기능 발휘가 제한되었다. 이러한 사실은 동북아 지역의 독특한 변수이다.

이는 일본의 주요 안보 이슈가 우리나라의 안보와 직접 연계되기 때문이다. 일본의 집단자위권 문제, 핵을 포함한 북한의 군사 위협 대비를 빌미로 한 군사력 건설, 일본과 중국의 안보 분야에서의 갈등 관계 심화 등은 대한민국의 안보와 직접 연계된다.

미국과 일본이 동맹 관계를 유지하고 있어서, 한미동맹을 근간으로 하는 우리의 안보 전략은 항상 일본과 연계될 수밖에 없다. 우리의 입장에서는 동맹국 미국의 동북아 지역 안보 전략이 중요하고 영향을 많이 준다. 동맹국 미국은 한·미·일 3국의 안보협력을 아주 중요하게 생각한다. 그래서 동맹인 우리에게 한·미·일 안보협력의 확대를 항상 요구하고 있다.

일본과 연관된 이러한 관계는 우리의 생존전략 구사에 직접 영향을 준다. 일본은 우리나라가 미국 다음으로 국방협력을 많이 하는 나라이다. 양국의 연합훈련을 제외한 거의 모든 협력이 진행되고 있다. 한국군은 일본 자위대와 정보교류는 물론이고 인적교류, 고위급 방문, 함정의 방문, 정례협의체 운용 등의 협력을 한다.

미래에도 대한민국의 생존 확보는 일본 변수의 활용이 관건이다. 일본 변수의 활용은 전략적이고 지혜로워야 한다. 일본과의 국방협력을 지속하되 신중하게 이원화 접근해야 한다. 역사적 경험에서 비롯된 대한민국 국민의 감정을 고려해야 하기 때문이다. 한일정보교류협정(GSOMIA) 체결 과정에서 대한민국 정부가 경험한 사례를 보면 알 수 있다.

따라서 양국의 직접적인 군사훈련은 여전히 지양하되 인적교류와 비군사훈련을 통한 교류를 확대해야 한다.

중국

우리의 생존을 위한 안보전략의 구상은 중국이라는 변수를 반드시 고려해야 한다.

중국은 동아시아 지역 체제와 국제체제에서 핵심적인 국가로 자리매김하고 있다. 동아시아의 지역 패권은 여전히 미국이 압도적이다. 그러나 중국의 부상으로 패권적인 지역의 질서가 지금보다는 덜 패권적이고 균형적으로 변할 수 있다. 이러한 상황이 되면 중국의 영향력은 커질 것이다.

중국은 이미 세계경제력 규모 2위로 부상했다. 미국과 G2 전략대화를 한다. 이러한 변화된 국가 위상에 걸맞은 현대화된 군사력을 건설하고 있다. 국력이 커진 중국이 동아시아 지역의 강국의 역학관계를 변화시키는 사안은 그렇게 장기적인 과제는 아닌 것 같다.

중국의 주요 안보 이슈, 예를 들어 북한 핵 문제, 대만 문제, 남중국해 문제, 서해 영해권 문제 등은 대한민국의 안보와 직접 연계된다. 우리의 생존을 위해 중국 변수를 고려해야 하는 이유이다.

한미동맹을 근간으로 하는 우리의 안보 전략도 중국 변수와 관련이 있다. 동맹국인 미국은 대중 억제전략을 중시하고 있다. 미국은 우리나라가 미국의 편에 서서 중국을 억제하는 전략에 동참해 달라고 요청하고 있다. 중국과 대만이 군사적 충돌을 하게 되면 미국이 대만을 지원하게 된다. 이 과정에서 우리나라는 '동맹의 연루'라는 트랩에 빠질 수 있다.

북한을 완충지대로 유지하는 사안은 중국의 사활적 이익이다. 국제사회가 북한을 제재하는 상황에서 중국이 불법적으로 원유를 포함한 북한의 생존에 필요한 자원을 공급하는 이유이다. 완충지대 유지라는 중국의 사활적 이익은 항상 우리나라의 생존전략과 연계된다. 남한과 북한의 관계를 중국은 먼 나라의 상황으로 보지 않기 때문이다.

한미동맹 관계를 중시하지만, 한국군과 중국군의 국방협력도 다양한 분야에서 진행되고 있다. 군 고위급 인사의 상호방문, 교육생의 교류, 국방협력회의 등이 두 나라의 군 사이에 진행되고 있다. 튼튼한 한미동맹 관계를 유지하면서 중국과의 협력도 확대하는 이원화 접근이 필요하다.

동맹이지만 미국과 모든 것을 공조할 필요가 있을까? 우리나라 안보전략의 성공은 동북아 체제 차원에서 중국 변수의 활용이 관건이다. 그러나 중국과의 국방협력은 대북 억제를 위한 국제사회의 입장이라는 요소를 반드시 고려해야 한다. 그렇게 하지 않으면 이원화 접근 전략이 성공할 수 없다.

미래 장기적인 관점에서 한미동맹이 차지하는 비율이 미약하나마 점진적으로 줄어드는 상황을 상정하고 이에 대비해야 한다. 우리의 미래세대 생존을 보장하기 위해서는 동북아에서 상대적으로 약소국인 대한민국이 이분법적으로 대중국 전략을 구사하는 접근은 지혜롭지 않다고 생각한다.

러시아

일본, 중국과 같은 맥락으로 러시아도 우리의 생존을 위한 안보 전략의 구상에서 핵심적인 고려 요소 중 하나이다.

러시아가 경제적으로는 중국에 뒤처져 있으나 군사력은 여전히 미국 다음으로 강하게 평가받고 있다. 유럽에서 우크라이나와 전쟁을 수행하고 있지만, 극동에서의 영향력 확대가 러시아의 핵심 전략의 하나이다. 그래서 러시아는 한반도와 관련된 안보 사안에서 소외되지 않으려고 한다.

북한이 갖는 지정학적인 가치는 항상 러시아가 국제사회에서 북한을 지지하거나 지원하게 하고 있다. 러시아가 북한과 이러한 관계를 유지하는 한 우리나라의 생존은 러시아와 연계될 수밖에 없다.

우리의 동맹국인 미국 안보 전략의 주안 중의 하나는 러시아의 확장을 봉쇄하는 것이다. 동맹인 미국은 우리에게 늘 러시아 봉쇄전략에 동참을 요구할 것이다. 러시아가 우리의 안보 전략 구현에 반드시 고려해야 하는 이유이다.

우리의 손자, 손녀 세대가 맞이할 미래의 모습을 상상해 보았다. 생존에 필요한 안보보험의 추가 소요도 살펴보았다. 생존의 확보는 경쟁의 상대가 있다. 상대가 하나일 수도 있고 여러 개일 수도 있다. 상대보다 더 빨리 더 치밀하게 더 지속해서 움직이면 이길 수 있다. 우리나라의 지금 세대가 그렇게 안보보험에 가입하여 다음 세대에 넘겨주어야 한다. 나라의 생존을 위한 안보보험의 가입은 완료형이 아니라 진행형이다.

6장

마무리

이 책은 다음과 같은 화두로 시작하였다. 국가란 무엇인가? 국가의 생존이란 무엇인가? 왜 어떤 나라는 생존하고 어떤 나라는 생존하지 못하거나 지배당하는가? 생존을 위해서 국민은 무엇을 해야 하는가?

이러한 질문들에 대한 답은, 우리 세대와 다음 세대, 손자와 손녀 세대의 생존을 보장하기 위해서는 안보보험에 가입해야 한다는 것이다.

오늘의 지구촌은 국가 단위로 구성되어 있다. 국가의 첫 번째 역할은 현재와 미래 국민의 생존을 보장하는 일이다. 현재와 미래의 생존을 보장하기 위한 특별한 수단이 있다. 바로 안보보험이다. 탄탄한 경제와 튼튼한 안보가 안보보험의 특약 조건이다. 보험은 보장성이 특징이다. 그래서 지금 가입해야 다가오는 미래의 손실에 대한 보장을 받을 수 있다.

캐나다의 '영웅들의 고속도로(Highway of Heroes)' 관련 사진이나 영상은 늘 눈물이 나도록 감동이다. 국가를 위해 싸우다 전쟁터에서 희생된 유해가 봉송되는 길목에 온 국민이 나와서 존경의 마음을 보여 준다. 국가란 무엇인지, 국민은 국가의 생존을 위해서 무엇을 해야 하는지 잘 보여 주는 대목이다.

생존을 위한 안보보험 가입이 필요하다는 주장을 과거의 역사와 현재 지구촌의 모습을 통해 실증해 보았다. 여전히 힘의 논리가 지구촌을 지배하고 있다는 사실을 확인할 수 있었다. 30년 전에 이미 동서 냉전체제가 사라졌다. 그래서 대부분의 유럽 국가들은 재래식 무기를 없애고 국방비를 대폭 줄였다. 그런데 지금 우크라이나가 러시아와 대규모 전쟁 중이다. 모든 NATO 회원국이 우크라이나를 돕고 있다. NATO와 러시아의 싸움이다. 힘이 큰 나라가 자국의 이익을 추구하기 위해서 물리력이나 군사력을 통해 힘이 약한 나라를 굴복시키려고 하고 있다.

따라서 안보보험의 가입 여부가 생존의 관건임을 보여 주고 있다. 힘의 논리가 지배하는 지구촌의 역사에서 생존과 지배를 가르는 핵심 요소는 안보보험의 가입 여부였다. 안보보험에 가입한 국가는 생존할 수 있었다.

심지어 상대적인 힘이 약한 나라들도 보험의 특약 조건에 잘 가입하면 생존할 수 있음을 확인할 수 있었다. 러시아와 1년 이상 전쟁을 수행하고 있는 우크라이나가 이를 증명하고 있다. 물리적인 군사력만 보면 우크라이나는 이미 러시아에 패배했어야 한다.

국가의 생존에 영향을 주는 요소가 계속 변화함을 알 수 있었다. 영향 요소의 변화에 맞게 안보보험의 특약 조건을 지속해서 최신화해야 함을 확인할 수 있었다. 전쟁 수행의 영역이 변하고, 과학기술이 변하고, 사회문화적인 요소들이 변했다.

우리나라는 지금 안보보험에 잘 가입하고 있으나 충분하지는 않다. 6·25전쟁 이후 우리나라의 안보보험 가입은 매우 성공적이다. 그러나 충분하지 않다. 우리와 생존을 겨루는 상대들이 계속 변하고 있기 때문이다.

다른 국가들은 우리보다 더 많은 돈을 생존에 투입하고 있다. 우리보다 더 빨리 새로운 과학기술을 군사 장비와 무기체계에 접목하고 있다. 그래서 우리도 지속적인 안보보험 특약 조건을 보강해 가야 한다.

하지만 우리에게는 희망이 있어 보인다. 6·25전쟁으로 잿더미가 된 나라가 지금은 산업화, 민주화에 성공한 후 세계의 주요 나라들과 어깨를 나란히 하고 있기 때문이다. 국가의 생존을 위한 부국강병에 온 국민이 열심이다. 이러한 과정을 통해 우리는 약소국도 잘 준비하면 이길 수 있다는 '약소국의 역설'을 지구촌에 증명하고 있다.

대한민국 생존을 위한, 우리의 토양에 걸맞은 안보보험 가입 노력을 우리가 모두 함께, 지금 해 나가야 한다. 우리 세대의 생존은 물론 다음 세대, 손자와 손녀 세대가 마음껏 뜻을 펼치며 지구촌의 주인공으로 살아갈 수 있도록!